eビジネス新書
No.399

週刊東洋経済

EV産業革命

週刊東洋経済 eビジネス新書　No.399

EV 産業革命

本書は、東洋経済新報社刊『週刊東洋経済』2021年10月9日号より抜粋、加筆修正のうえ制作しています。情報は底本編集当時のものです。（標準読了時間　90分）

EV産業革命　目次

〔プロローグ〕

決断迫られる日本の自動車産業

2050年にカーボンニュートラル（CO2など温室効果ガスの実質排出ゼロ：脱炭素）を実現する——。2020年10月、菅義偉首相（当時）が示した政府の方針に自動車業界が揺れている。

「一部の政治家からは『すべてを電気自動車にすればいいんだ』とか、『製造業は時代遅れだ』という声を聞くこともありますが、私は、それは違うと思います」

2021年9月に行われた日本自動車工業会の記者会見で、会長を務めるトヨタ自動車の豊田章男社長はこう訴えた。脱炭素化を進めるにはガソリン車の比率削減が欠かせない。ただ50年の目標達成に向け、日本の看板商品であるハイブリッド車（HV）の廃止を求める声もある。国内外で電気自動車（EV）にシフトしさえすればいいという論調が生まれていることに、自動車業界は強い危機感を抱いている。

豊田会長ら業界がEV一辺倒のカーボンニュートラル路線に強く反対する理由の1つは、自分たちの過去の取り組みに自信があることだ。日系自動車メーカーはいち早くHVなど電動車を普及させた結果、この20年で23%（5400万トン）CO_2の排出量を削減している。同じく20年で米国が9%、ドイツが3%排出量を増やしていることに鑑みると、気候変動問題への対応で日本はかなり優等生であることがわかる。

もう1つは、カーボンニュートラルは雇用問題と密接に絡むという点だ。自動車産業が生み出す雇用は全就業者の1割に当たる550万人、出荷額は全産業の2割を占める70兆円に及ぶ。自動車産業こそ日本の雇用や経済を支える屋台骨であるという自負や責任感が、豊田会長が怒りにも近いメッセージを発する背景にある。

事実として、仮にEVシフトが進んだ場合、それが本当に環境にいいのかという問題もある。

日本の電源構成は約7割を天然ガスや石炭を使う火力発電が占め、太陽光や風力などの再生可能エネルギーは2割程度だ。この状況だと、日本でEVの電池を製造したり廃棄したりする際の環境負荷はHVよりも高い。「(再エネと原子力発電の構成が約9割の)フランスと日本で同じ車を造ったとして、フランスのほうがいい車で、日本では造れないことになってしまう」(豊田会長)。脱炭素社会を目指すのであれば、再エネ比率をいかに上げるかという国のエネルギー戦略とセットで考えなければならないというわけだ。

一方でCO2の排出量そのものという基準で見た場合、日本の自動車は運輸部門の9割弱を占める。運輸部門のCO2排出量は日本全体の2割弱で、業務部門や家庭部門を上回る。自動車業界のさらなる脱炭素は待ったなしの状況にあることは変わらない。

国の威信を懸けた戦い

政府へのロビー活動という点では、日本の自動車業界にとって不都合な分析もある。気候変動問題に関する英国の独立系シンクタンク、インフルエンスマップの調べによれば、トヨタと自工会は２０１５年に採択された「パリ協定」を最も守っていない組織として低評価の格付けがなされている。パリ協定は世界の平均気温上昇を２度未満に抑えることを掲げ、日本を含む約２００カ国が合意した国際協定だ。

■トヨタと自工会は国際的に低評価
—パリ協定の方針に対する取り組みの格付け—

社名	格付け
テスラ	B+
ボルボ・グループ	C-
フォルクスワーゲン	C-
ホンダ	D+
ゼネラル・モーターズ	D
BMWグループ	D
ダイムラー	D
フォード・モーター	D
ルノー	D
トヨタ自動車	D-

団体名	格付け
欧州自動車工業会	D
日本経済団体連合会	D-
日本自動車工業会	E+

(注)格付けはA、B、C、D、E、F
(出所)英国のシンクタンク「InfluenceMap」

格付けではEVの先駆者である米テスラが首位で、30年までに新車販売の半分をEVにすることを掲げる独フォルクスワーゲン（VW）などが上位に並ぶ。

インフルエンスマップの創設者ディラン・タナー氏は本誌の取材に対し、「日本の自動車メーカーはCO2の排出削減は進んでいるが、とくにトヨタは欧米を含む業界団体を通じ、EV化の重要政策に反対する強固なロビー活動を行っている。ゼロエミッション車の普及を妨げる存在だ」と語る。

日本のEVは発売から10年以上経った日産自動車「リーフ」が累計50万台強売れている以外に目立った実績は乏しく、トヨタの20年EV販売台数はわずか3400台。いくらHVが環境に貢献しているといってもゼロエミッションではなく、欧米と比較したEV戦略は出遅れ感が否めない。

せっかく努力をしてきたわれわれが報われないではないか――。トヨタをはじめ日本の自動車メーカーにそんな不満が蓄積していることは想像にかたくない。ただ、ある政府関係者は「世界で起きているEVシフトの大合唱はあくまで国の産業振興策。とくにVWの排ガス不正で打撃を受けたドイツはしたたかに逆転を狙っており、日本としても勝ち筋を考えなければいけない」と指摘する。

であれば、トヨタや自工会が政府と一緒に戦略を練らなければならないが、冒頭の豊田会長による発言のように、今のところ両者の間には溝がある。国の屋台骨として、日本の自動車メーカーは脱炭素時代の競争を生き抜くことができるのか。すでにゲームのルールは変わり始めている。

（二階堂遼馬）

EV化に雪崩を打つ世界

２０２１年９月上旬、新型コロナウイルスの影響で欧州では２年ぶりの自動車ショーとなった独ミュンヘンのＩＡＡは、ＥＶ（電気自動車）一色に染まった。

「ＥＶオンリーへの抜本的なシフトこそが、当社と顧客、地球にとってすばらしい未来を実現する正しい方法だ」。出展した独ダイムラーの高級車部門、メルセデス・ベンツのオラ・ケレニウス社長はＥＶに突き進む意義を語った。

メルセデスは７月、２０３０年にも新車販売のすべてをＥＶにすると発表。２５年には全車種からＥＶを出すと宣言している。

独フォルクスワーゲン（ＶＷ）も、２５年までに発売するコンパクトＥＶの試作車を発表。満充電時の航続距離約４００キロメートルで、約２万ユーロ（約２６０万円）

と現行の主力車「ゴルフ」よりも3割以上安い。VWブランドとして、30年までに欧州販売の7割以上をEVにする計画だ。

こうした思い切ったEVシフトは、世界的なカーボンニュートラルの動きを受けたもの。中でも環境規制の先頭を走るのが欧州だ。コロナ禍で落ち込んだ経済の復興と持続可能な社会を実現するグリーンディール政策を掲げ、EVを含むグリーン分野への集中的な投資を加速している。

欧州連合（EU）の欧州委員会は7月、ハイブリッド車（HV）を含む内燃機関車の新車販売を35年までに実質的に禁止する方針を示した。30年の二酸化炭素（CO2）排出規制も厳しくする。欧州自動車工業会は「充電インフラが十分に整備されていない段階で内燃機関車を禁止するのは合理的な方法ではない」と反発したが、大方針を前に企業も覚悟を決めて動き出した。

VWブランドを率いるラルフ・ブランドシュテッター氏は、「最後のエンジン車を欧州で生産するのは、33年から35年の間になるだろう」と述べ、事実上EVに全面移行する計画だ。

一方、欧州以外の地域ではやや状況が異なる。現時点では、米国は30年、中国や日本は35年の段階でもHVを許容する。EVの普及には発電の脱炭素化と充電インフラの整備が欠かせないからだ。自動車の保有年数は10~15年で、市中を走る車両すべてを走行中にCO2を出さないゼロエミッション車（ZEV）に置き換えるのにも時間がかかる。

排出規制はクリアできても、EVが用いる電気の発電時にCO2が排出されれば元も子もない。欧州と比べて火力発電の比率が高く、再生可能エネルギーの導入で後れを取る中国や米国、日本が年限を決めて「脱エンジン」を宣言するのは現実的ではない。

ただパリ協定が掲げる50年の脱炭素達成を見据えると、どの国・地域も35年から40年には新車のZEV化に踏み込まざるをえない。

ホンダも「脱エンジン」

そこで米ゼネラル・モーターズ（ＧＭ）は２０２1年1月、３５年までにすべての新車をＥＶなどのＺＥＶにすると宣言。

４月には、ホンダも４０年までに新車販売の１００％をＥＶ・ＦＣＶとする方針を打ち出した。日本勢初の脱エンジン宣言は、系列部品メーカーも含めた国内自動車業界に衝撃を与えた。ホンダの三部敏宏社長は、「脱炭素を達成するギリギリ最低限のラインを掲げた」とあくまで現実的な目標であることを明かす。

ＥＶが世界新車販売に占める割合は、現在３％にすぎないが、各社の投入が本格化する２５年以降、急速に普及するとの見方もある。米ボストン コンサルティング グループは、３５年にはＥＶが新車販売の４５％を占めるまでに拡大する一方、ガソリン車は１１％まで減ると予測。簡易式のマイルドＨＶを含めたＨＶは３５年に３８％を占め、ＥＶの普及期においても一定の存在感を示すことになる。

2035年には
EVが5割近くに

世界新車市場における電動車台数の予測

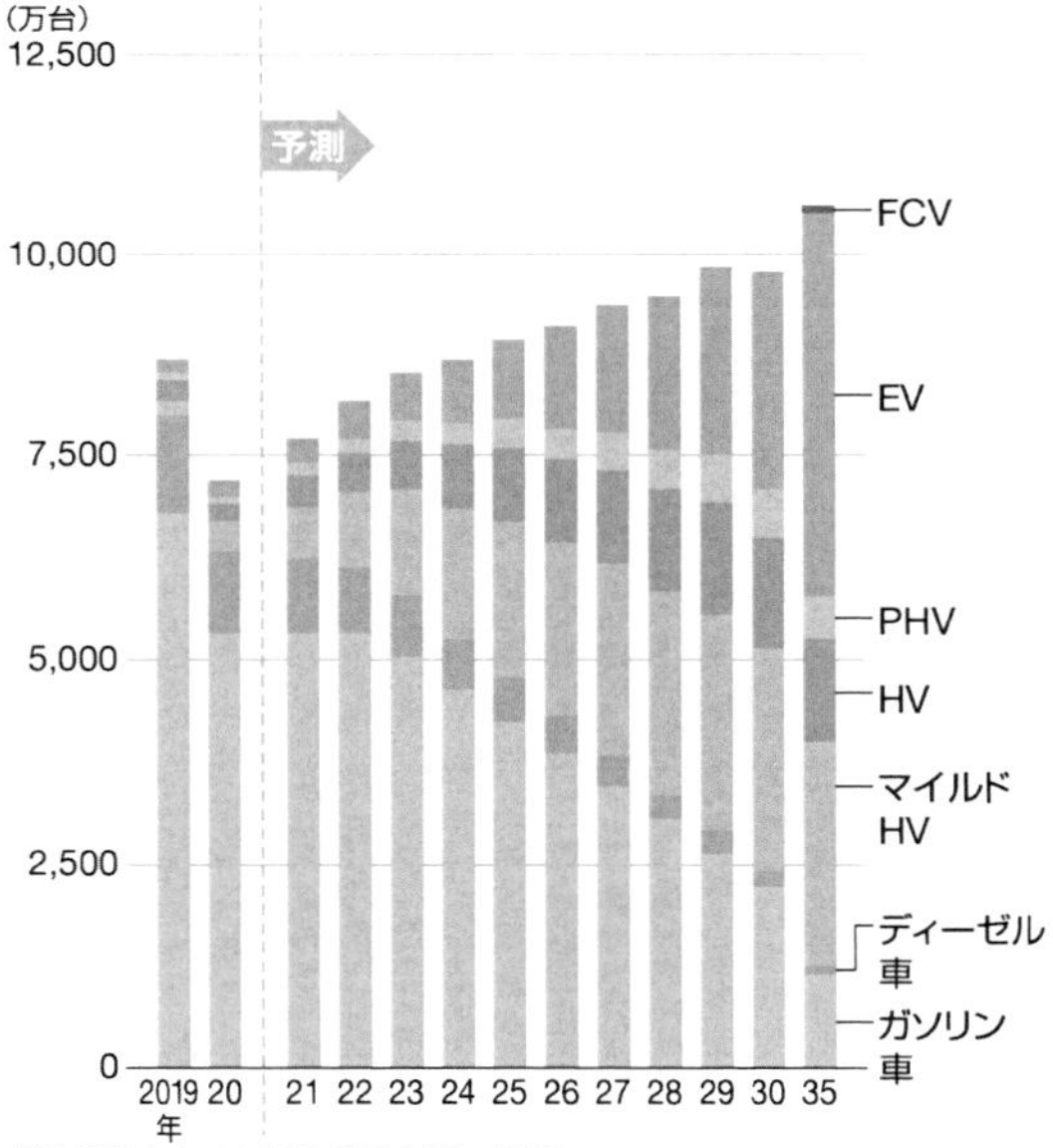

(注)2020年までは実績、21年以降は予測
(出所)米ボストン コンサルティング グループの資料を基に本誌作成

注目が集まるＥＶだが、収益を上げられるメーカーはまだ一握りだ。アーサー・ディ・リトル・ジャパンの試算では、米テスラのＥＶは営業利益率が７～８％とガソリン車とほぼ同じの一方、既存メーカーのＥＶは赤字だ。リチウムやコバルトなど主材料の高騰により電池調達コストがネックになっている。テスラは２１年４～６月の販売台数が２０万台を突破。ＥＶの世界首位メーカーとして電池調達面で価格優位性があり、直売方式を取ることも収益上有利だ。

現状は電池がＥＶの製造原価の３～４割を占めるため、電池をいかに安く調達するかが当面の競争を左右する。ＶＷは３０年までに欧州で６つの電池工場を造る計画で、スウェーデンの新興電池メーカー・ノースボルトや中国の国軒高科と組む。ＧＭや米フォードも韓国系電池メーカーと共同で巨大電池工場の建設を進める。スケールメリットでコストを下げる作戦だ。

EVで
儲かる企業は一握り

ガソリン車とEVの
コスト構造比較

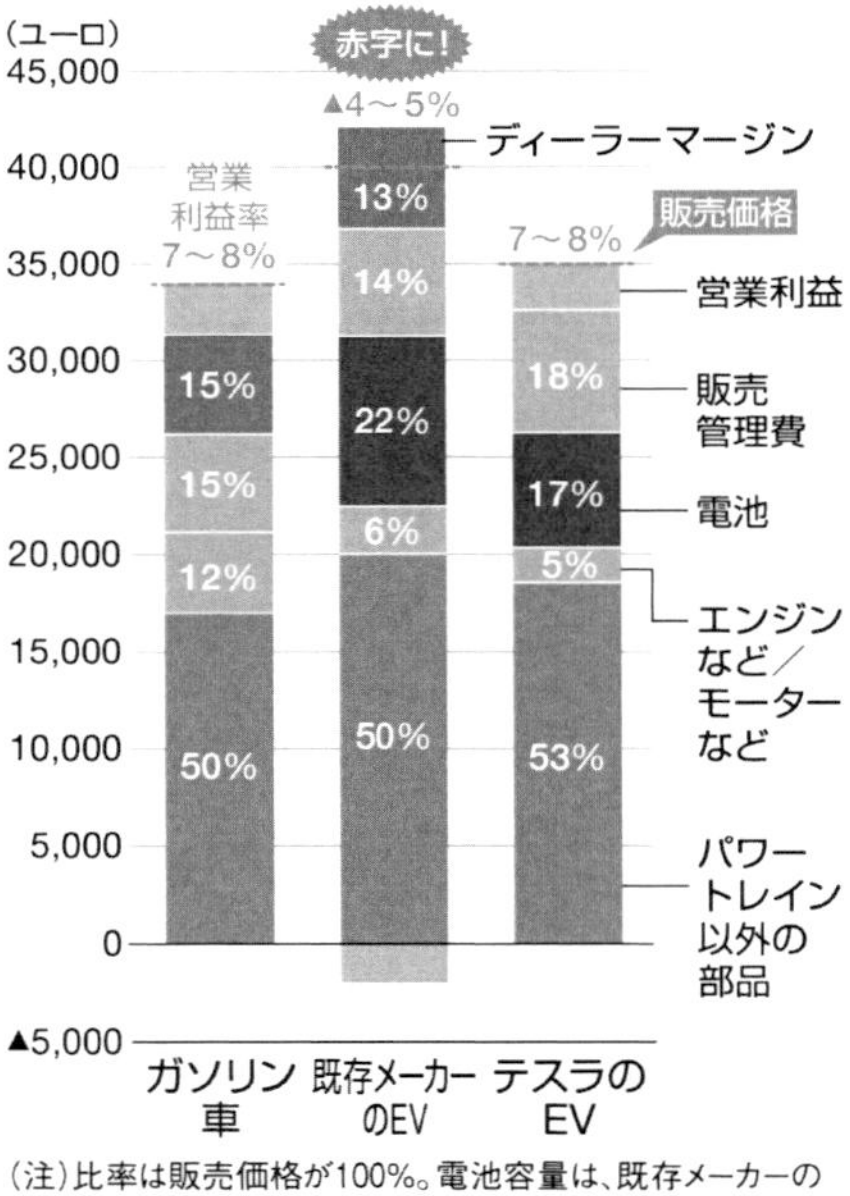

(注)比率は販売価格が100%。電池容量は、既存メーカーのEVが58kWh、テスラのEVが54kWh。▲はマイナス
(出所)アーサー・ディ・リトル・ジャパンの試算

新興勢が変える産業構造

ＥＶは自動車産業の構造を大きく変えるトリガーにもなる。ガソリン車で３万点ある部品数は、ＥＶでは２万点に減る。加えて、開発に高度なすり合わせ技術が要求されたエンジンとその周辺部品が不要になり、参入障壁が下がる。

異業界からの参入で注目を集めるのが電子機器の受託製造サービス（ＥＭＳ）の世界大手、台湾の鴻海（ホンハイ）精密工業だ。製造を担うｉＰｈｏｎｅの次の収益源としてＥＶを位置づける。同社が２０年設立したＥＶプラットフォーム「ＭＩＨ」には今や世界５０以上の国・地域から１９００社超が参画。鴻海はハードからソフトまで多様な企業の力を得てＥＶの汎用品化を進め、ＭＩＨを利用して設計されたＥＶの製造を大量に受託して稼ぐ考えだ。２５年にはＥＶ製造で世界シェア５％を狙い、話題のアップルカーの製造受託も視野に入れる。

電池と並ぶＥＶ中核部品のモーターやインバーター、減速機（ギア）を一体化した電動アクスルなど、新たな製品の需要も生まれている。

自動車部品の世界首位、独ボッシュは、ＥＶ関連の売上高が２５年に現在の５倍の５０億ユーロ（約６５００億円）超に伸びると見込む。日本電産は「２５年がＥＶ（普及）の分水嶺」（関潤社長兼ＣＥＯ）として、車載用モーターの新規受注に全力を傾ける。同社は鴻海グループとＥＶ用モーターの合弁会社設立を検討しており、ＥＶに一大勝負をかける。

自動車業界では電動化と並行し、従来は一体開発だったハードとソフトの開発を分離する方向へのシフトも進む。車載ＯＳ（基本ソフト）を開発する中国の華為技術（ファーウェイ）は、強みとするＩＣＴ（情報通信技術）を武器に自動運転システムや車内の情報機器を開発しており、「自動車業界のインテル」を狙う。

いわば車の水平分業化が広がる中、自動車産業における付加価値の源泉が大きく変わりつつある。秩序変化の波に対応せずに生き残ることはできない。

（木皮透庸）

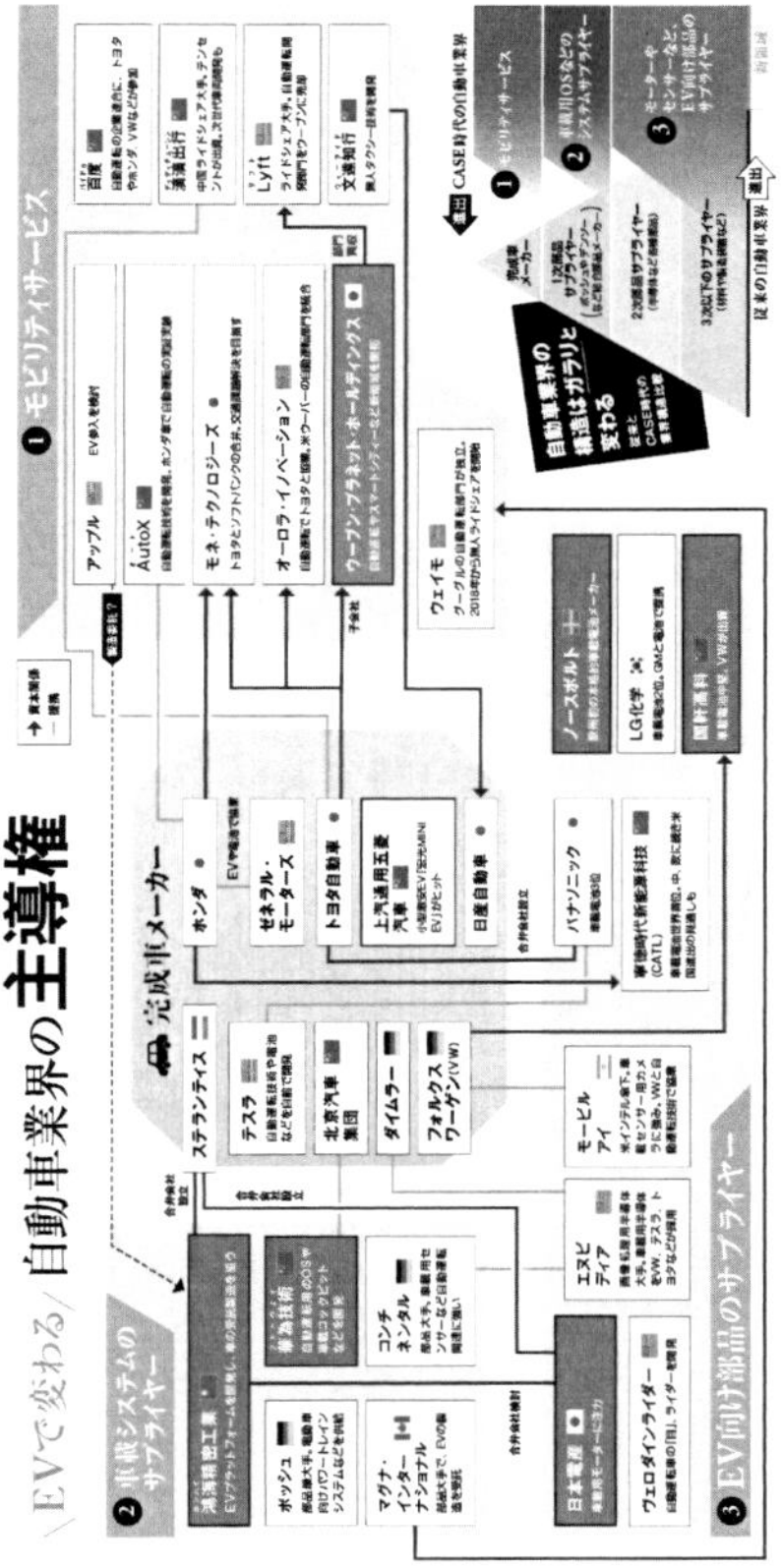

EVで変わる 自動車業界の主導権
資本関係
提携
❶ モビリティサービス
❷ 車載システムのサプライヤー
❸ EV向け部品のサプライヤー
完成車メーカー
ステランティス
テスラ
自動運転技術や電池などを自前で開発
北京汽車集団
ダイムラー
フォルクスワーゲン（VW）
ホンダ
EVや電池で協業
ゼネラル・モーターズ
トヨタ自動車
上汽通用五菱汽車
小型激安EV「宏光MINI EV」がヒット
日産自動車
パナソニック
車載電池3位
寧徳時代新能源科技（CATL）
車載電池世界首位。中、欧に続き米国進出の見通しも
ノースボルト
欧州初の本格的車載電池メーカー
LG化学
車載電池2位。GMと電池で提携
国軒高科
車載電池中堅。VWが出資
鴻海精密工業
EVプラットフォームを開発し、車の受託製造を狙う
ボッシュ
部品最大手。電動車向けパワートレインシステムなどを供給
華為技術
自動運転用のOSや車載コックピットなどを開発
マグナ・インターナショナル
部品大手で、EVの製造を受託
コンチネンタル
部品大手。車載用センサーなど自動運転関連に強い
日本電産
車載用モーターに注力
ウェロダインライダー
自動運転車の「目」、ライダーを開発
エヌビディア
画像処理用半導体大手。車載用半導体をVW、テスラ、トヨタなどが採用
モービルアイ
米インテル傘下。車載センサー用カメラに強み。VWと自動運転技術で協業
合弁会社設立
合弁会社検討
製造委託？
子会社
部門買収
アップル
EV参入を検討
AutoX
自動運転技術を開発。ホンダ車で自動運転の実証実験
モネ・テクノロジーズ
トヨタとソフトバンクの合弁。交通課題解決を目指す
オーロラ・イノベーション
自動運転でトヨタと協業。米ウーバーの自動運転部門を統合
ウーブン・プラネット・ホールディングス
自動運転やスマートシティーなど新領域を開発
ウェイモ
グーグルの自動運転部門が独立。2018年から無人ライドシェアを開始
百度《バイドゥ》
自動運転の企業連合に、トヨタやホンダ、VWなどが参加
滴滴出行《ディディチューシン》
中国ライドシェア大手。テンセントが出資。次世代車両開発も
Lyft《リフト》
ライドシェア大手。自動運転開発部門をウーブンに売却
文遠知行《ウィーライド》
無人タクシー技術を開発
自動車業界の構造はガラリと変わる
従来とCASE時代の業界構造比較
CASE時代の自動車業界
進出
❶ モビリティサービス
❷ 車載用OSなどのシステムサプライヤー
❸ モーターやセンサーなど、EV向け部品のサプライヤー
完成車メーカー
1次部品サプライヤー（ボッシュやデンソーなど総合部品メーカー）
2次部品サプライヤー
3次以下のサプライヤー
従来の自動車業界
新領域

「新しいエコシステムに挑み車の未来を牽引していく」

トヨタ自動車取締役 チーフ・デジタル・オフィサー
ウーブン・プラネット・ホールディングスCEO・ジェームス・カフナー

自動車業界は今、大変革のただ中にある。欧米メーカーはこぞってEVシフトを宣言。米グーグルや米アップル、台湾の鴻海など、異業種の参入で産業構造が変わり始めている。

トップメーカーのトヨタ自動車は変化の波に乗り、王者であり続けられるのか。次世代技術開発のカギを握り、次期社長の呼び声が高いジェームス・カフナー氏に聞いた。

――世界でEVシフトが進む一方、トヨタはハイブリッド車（HV）や燃料電池車（FCV）を含めた全方位の電動化を掲げています。

忘れてはいけないのは、電動化の目標はカーボンニュートラルであり、EV自体が目的ではないということだ。EVが脱炭素を加速させ達成する道の1つであることは確かで、私はエキサイティングな方法だと思っている。ただ、世界中のモビリティの未来を考える方法はほかにいくつもある。

1つ例を挙げよう。EV1台分のリチウムイオン電池があれば、プラグインハイブリッド車（PHV）を3台製造できる。PHVは（EVモードで約100キロメートルの走行ができるため）通勤による移動需要の90%を排出ゼロにすることができる。このように、トヨタは脱炭素に向けて新技術を用いた多面的なアプローチをしていく。

起点は25年前のEV開発

トヨタの電動車開発の歴史は長い。1996年に「RAV4」のEV版を開発した。

技術的には未熟な点もあったが学んだことは多く、それを生かして（電動車の）技術を向上させてきた。そしてHVの「プリウス」を発売し、PHVやFCVを含めて電動車のラインナップを拡充してきた。

私が大いに期待しているのは、電池の技術だ。今も、エネルギー密度（単位体積当たりのエネルギー量）や安全性が高く、耐久性に優れた電池技術を確立するため、多額の投資をしている。

――電池の技術では、9月に車両1台当たりの電池コストを半減させると発表しました。電池も開発コストも高いEVで利益をどう確保するかは業界全体の課題です。

そのとおり。今のEVはコストが高すぎるため（売価が高くなり）世界の多くの地域ではEVが普及していない。そこで私たちはコストを下げると同時に安全性、信頼性、品質などを向上させることで付加価値を与えようとしている。これらはトヨタがブランド力の源泉とするものだ。

その一環として開拓しているのが、ソフトウェアやサービスに関する新たな収益源だ。
スマートフォンの登場で、モバイル技術のバリューチェーンは変わった。同様に自動車業界でも、（車がインターネットでつながる）コネクテッドや自動運転、シェアリングや電動化などの新技術が価値を変えようとしている。ライフタイムバリュー（企業と顧客が継続的に取引することで、顧客が企業にもたらす利益）や車の長期的価値をどうつくり出すか。これが重要な要素になってきている。

――スマホのように車載ソフトウェアのアップデートができれば、車の販売後もメーカーは継続的に稼ぐことができるようになります。ものづくりを得意とするトヨタにとっては挑戦です。

アップデートにより、中古車へ残存価値や維持価値を付加することが可能になるだろう。新車も中古車もより長いライフタイムバリューを実現できる。こうした新しいエコシステムやプラットフォーム構築に向けた取り組みを主導できるのは、実にやりがいがある。

ソフトの中核研究拠点に

――先進的な開発を担う拠点として、21年1月にはウーブン・プラネット・ホールディングス（HD）が設立されました。

当社の使命は、モビリティ技術、とくにソフトウェアの中核的研究拠点になり、トヨタグループのほかの企業と協力して変革を起こすことだ。1200人以上が使命感を持って働いている。

トヨタとウーブンが重要視しているのが、「人間中心」の技術や製品をいかに作り出すか、という哲学だ。21年市場に投入した（高度運転支援技術の）「チームメイト」はAI（人工知能）システムが支援するだけでなく、人間のドライバーのスキルも活用することで、安全性と利便性に加えて安心感も兼ね備えている。

――「人間中心」、ですか。

テクノロジーの目的は、さまざまな方法で人間の潜在力を引き出し、人がより安全に、より優れた能力を持つようにすることだ。技術のための技術ではない。トヨタの歴史を振り返ると、豊田佐吉は新しい織機を発明して母親を助けようとした。「人を助けるために技術を開発する」という人間中心の哲学は、創業家やトヨタグループ各社のDNAに強く根付いている。ウーブンもまた、人々をサポートするためにテクノロジーを構築することに情熱を注いでいる。

持続可能で安全なモビリティシステムの開発で、私たちは世界のリーダーになりたい。「自動車会社からモビリティ会社になる」という豊田章男社長の夢にも応えていく。この使命に共鳴してくれる人材や技術の獲得を進めている。

――7月には、米配車サービス会社のリフトの自動運転部門「レベル5」を買収し、300人以上のエンジニアも得ました。

破壊的な新技術が業界に入ってくるときに競争力を高めるには、パートナーシップ、投資、自社のイノベーションが必要だ。実際、どの企業がいつブレークスルーを起こすかはわからない。さらに技術のニーズや規制は国や地域で異なる。ゆえに世界中で戦略や投資を多様化しておきたい。
その1つの手段がレベル5の買収だった。多くのすばらしいエンジニアを迎え入れ、安全なモビリティの実現に向けたドリームチームをつくることができた。

――過去にウーブンの事業規模を「今の2～4倍にしたい」と言っていましたが、今後も買収は続けていくのでしょうか。

今後数年間に生じるかもしれない買収の機会は狙っている。
ただ急激な規模拡大は望んでいない。ソフトウェア会社である私たちにとって最も価値のある資産は人だ。積極的な成長を目指しつつも、尊重している文化を失うような速度である必要はない。自社採用と買収のバランスが重要だ。採用活動はつねにしているので、優秀なエンジニアをご存じなら応募するように勧めてほしい。

――従来一体で開発してきたソフトウェアとハードウェアの開発を分離しようとしています。その軸が、ウーブンが手がける車載ソフト開発基盤の「Arene（アリー

ン)」です。

未来のモビリティには今以上に膨大な量のソフトウェアが使われる。開発やテストのコスト削減が必須だ。そのカギを握るのが、優れた(開発)ツールだ。

トヨタグループが世界中で製造するハードウェアは200種類に及ぶが、この基盤を使えば異なるハードにも対応可能なプログラムを作成することが可能になり、高品質で多機能なソフトウェアを早く顧客に届けることができる。

――トヨタのハード、ウーブンのソフト。それぞれの強みをどう掛け合わせるのですか。

トヨタはトヨタ生産方式によって、世界で最も信頼性の高い、高品質な製品を生み出してきた。

ウーブンの強みは、毎年1000万台の製品を世界に出荷しているトヨタグループの一員であること。その量的な優位性はデータの優位性につながり、ひいてはAIなどの技術的な優位性に直結する。

――ウーブンの主要な創設メンバーには、自動運転技術の開発を率いるCTOの鯉渕健氏、ウーブン・コア代表取締役の虫上広志氏、豊田社長の長男でウーブン・アルファ代表取締役の豊田大輔氏がいます。彼らはどんな存在ですか。

当社の創設メンバーは、変化やイノベーションを生み出すことに強い情熱や使命感を持っている。大輔さん、鯉渕さん、虫上さんが一緒に冒険に出てくれたことは本当に幸運だった。

大輔さんはウーブン・シティのマネジメントとして取り組みをリードしてくれている。すばらしいスキルと能力を持っており、彼から学ぶこともあれば、彼も私から学ぶことがあると願っている。

――2020年6月にはトヨタの取締役に就任しました。豊田社長はあなたにどのような役割を期待しているのでしょうか。

期待されているのは、トヨタに異なる視点をもたらすこと。私はソフトウェアエンジニアであり、元教授でもあり、シリコンバレーに20年間住んだ経験がある。ためらわずに率直な意見を述べることで豊田社長やトヨタがよい判断を下せるようにしたい。

――トヨタの営業利益率は8%。業界内で収益性は高いほうですが、今後の維持、拡大は可能ですか。

世界最大の自動車メーカーとはいえ、世界シェアは10%程度。それだけ競争が激しい業界だ。

より高い収益性を実現するには（ハードウェアとソフトウェアについて）一緒に取り組むことだ。ソフトウェア企業とハードウェア企業の収益性は大きく違う。グーグルのような企業は20%以上の利益率を誇るが、ハードウェア企業は一般的に1桁前半だ。

その点、トヨタの株価は過小評価されている。ただ私は楽観的にみている。電池や安全技術、自動運転やスマートシティーなど多くの収益機会を持ち、多額の投資をしていることから、上昇余地は大きい。トヨタが適切な戦略と製品を持てば、モビリティの未来を日本がリードする可能性さえある。

そのためにウーブンが（日本の）成長やイノベーションのエンジンになることを願う。慎重さは保ちつつ、ホームランを打つ機会を失ってはいけない。

（聞き手・木皮透庸）

ジェームス・カフナー（James Kuffner）

1971年生まれ。米スタンフォード大学で博士号取得。2009年米グーグルに入社し自動運転開発を担う。2016年にトヨタの先端研究部門に移籍。18年からTRI－AD（現ウーブン・プラネット・ホールディングス）CEO。20年からトヨタ自動車取締役も務める。

【キーワード解説】カフナー氏率いるウーブン・プラネット

①ウーブン・プラネット・ホールディングス〔持ち株会社〕

トヨタ自動車の子会社でモビリティ関連のさまざまな開発を行う。資本金約

288億円（2021年8月時点）本社は東京の日本橋。持ち株会社には豊田社長が50億円出資。グループには、

ウーブン・キャピタル

投資に加え、M&Aなどでパートナーを拡大。運用総額8億ドルの投資ファンド。対象は自動運転やAIなど。

ウーブン・アルファ

新企画や製品の考案などイノベーション創出。実験都市や次世代車用プラットフォームの開発も担当。

ウーブン・コア

自動運転技術の開発。前身のTRI－ADから自動運転技術の開発を引き継ぐ。

②次世代車用プラットフォーム「Arene（アリーン）」

トヨタが進める新しい車づくりの基盤技術。車載OSが軸。ハードとソフトの開発を分離し、開発期間の短縮を狙う。今後5年以内の実用化が目標。

③米Ｌｙｆｔ（リフト）の自動運転部門を買収

２０２１年７月、５億５０００万ドルで買収。開発人員３００人以上継承。拠点は東京に加え米サンフランシスコと英ロンドンに拡大。

④実験都市ウーブン・シティの建設

自動運転など先端技術の実証を行う。トヨタ自動車東日本の東富士工場（静岡県裾野市）の跡地に建設する。第１期工事完了は２５年ごろを予定し、将来は２０００人以上が暮らす計画だ。

トヨタ〝全方位〟戦略の吉凶

「敵は炭素であり、内燃機関ではない。カーボンニュートラルに向けて技術の選択肢を広げたい」。トヨタ自動車の豊田章男社長が語るように、電気自動車（EV）シフトに猛進する欧米勢とは対照的に、トヨタが掲げるのはあくまでも「全方位戦略」だ。

2021年5月、トヨタは2030年に販売全体の8割に当たる800万台を電動車にする計画を発表した。主軸はハイブリッド車（HV）で、プラグインハイブリッド車（PHV）と合わせて600万台。EVは200万台、それも燃料電池車（FCV）込みの台数だ。

EVやFCVは車両コストが高く、新たなインフラ整備も必要なためまだまだ普及に時間がかかるとトヨタは考えている。一方、HVは既存インフラが利用できるうえ、比較的安価なコストでCO2削減効果が大きい。「電動車の当面の現実解はHV」というわけだ。

実際、20年2月に発売したHV「ヤリス」の燃費性能はガソリン1リットル当たり36キロメートルと世界最高水準。厳しい欧州の環境規制対応では、EV専業の米テスラを除けばトヨタがトップランナーである。今後、中国や東南アジアでもHVを拡販できるとトヨタはみている。

だが、欧州は35年にHVを含むガソリン車の新車販売を事実上禁止する方針を示す。世界はHVを飛ばしてEVへ進みかねない。EV販売ではテスラがすでに四半期ベースで20万台に達したが、トヨタは21年1～6月でわずか5800台。投資家からはトヨタの出遅れを懸念する声が出ている。

電池コスト半減を宣言

こうした声を意識したのか、21年9月7日、電池や脱炭素戦略に関する説明会を開催。「ＥＶの普及のためにはコストを低減し、リーズナブルな価格でお届けしたい」。前田昌彦ＣＴＯ（最高技術責任者）はこう切り出し、これまであまり語ってこなかった電池開発の現状や展望を子細に解説した。

電池そのものでは、廉価な材料の開発や車両と電池パックの一体構造化などで30％以上コストを低減する。車両側では、減速時のエネルギー回生効率の向上などで電費（エネルギー効率）を30％改善し、車両に搭載する電池の容量を削減する。30％減と30％減を掛け合わせることで、20年代後半には車両1台当たりの電池コストを、来年投入する新型ＥＶ「ｂＺ４Ｘ」と比べて50％削減することを目指す。

ＥＶの原価の3～4割を占める電池が、ＥＶの価格引き下げのカギを握っている。テスラは23年までに2万5000ドル（約270万円）、独フォルクスワーゲン（ＶＷ）は25年に2万ユーロ（約260万円）のＥＶを投入する計画で、その実現のために両社とも電池コストを半減すると宣言している。トヨタの「50％減」とそのまま比較できないとしても、電池コストの引き下げ競争で彼らに負けていないという自負が感じられる。

2030年までに電池関連の設備に1兆円、開発に5000億円を投資する計画も打ち出した。ただ、21年度の電池向け投資1600億円と比べると、急増するわけではない。岡田政道CPO（チーフ・プロダクション・オフィサー）は「HV向け電池の経験を生かし、電池1ライン当たりの投資額をできるだけ小さくする」と投資効率を重視している。

現在の年間6ギガワット時の電池生産能力を30年に33倍以上の200ギガワット時に引き上げる戦略も示した。この数字には自社グループに加えてパナソニックとの電池合弁2社や中国の寧徳時代新能源科技（CATL）、BYDといったパートナーとの協業も含まれており、電池の安定調達と投資のリスク管理を両立させる考えがうかがえる。22年中に年間100ギガワット時、30年には3000ギガワット時の電池生産能力を掲げるテスラに比べるとトヨタは慎重だ。

「自動車の電動化は例えるならマラソン。まだ5キロメートル地点にも達していない。どのタイミングでEVが本格普及するのか、トヨタはじっくり見極めている」と語るのはナカニシ自動車産業リサーチの中西孝樹代表アナリスト。「トヨタが強い市場を考えればEVだけに絞る必要はないし、後方から巻き返す力もある」（同）。

■ グループ内外から幅広く電池を調達 —トヨタの電池調達網—

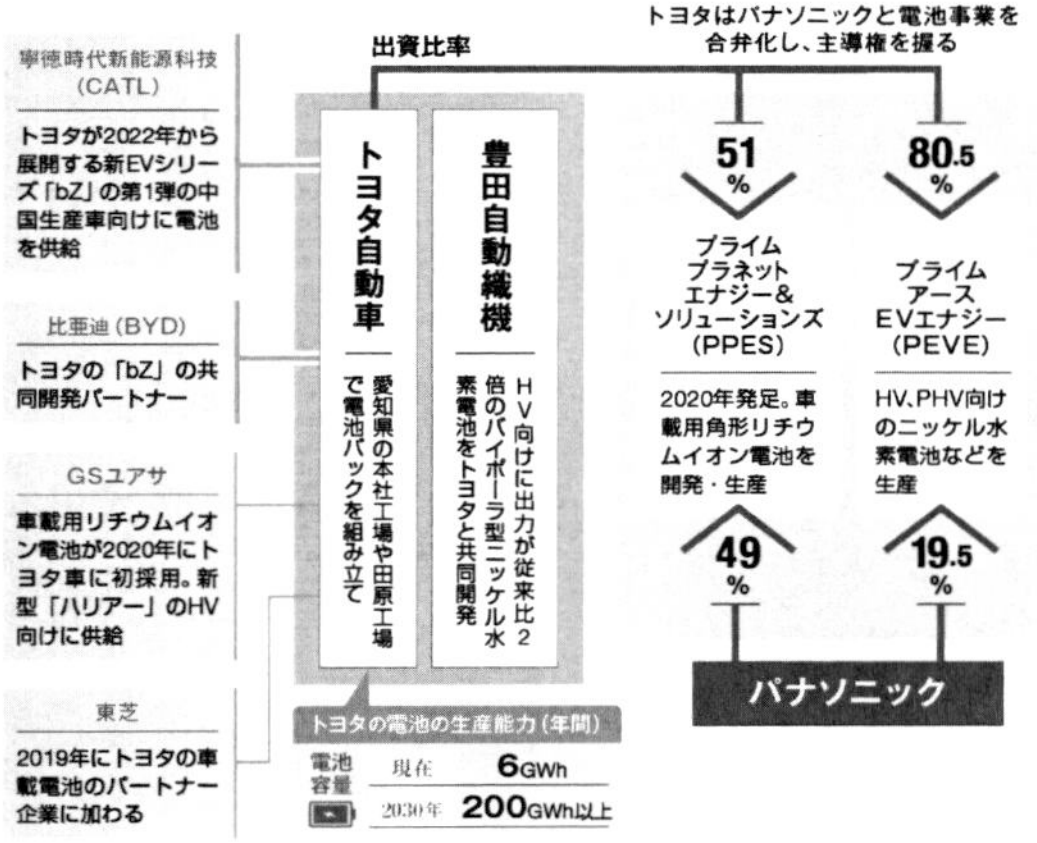

水素エンジン開発に着手

ここに来て、「選択肢」として猛プッシュし始めたのが水素エンジンだ。従来のガソリンエンジンを一部改造するだけで、水素を燃料に駆動力を得られる。走行中はCO2をほとんど排出しない。「水素エンジンには、日本の自動車技術の蓄積を生かせる。水素の使い道を増やすことは、水素社会の実現にもつながる」。豊田社長は水素エンジン開発の意義を語る。

これまでも水素エンジンの開発は細々と続けていたが、20年末、試作車に乗った豊田社長がその可能性に着目。5月から水素エンジンを搭載した「カローラ」でレースに参戦することで、さまざまなデータを収集・解析している。

今のところ課題は多い。同じように水素を使うFCVの発電装置、燃料電池スタックと比べると、水素エンジンのエネルギー効率は理論上半分程度。同じ容量の水素を使った場合の航続距離は短い。水素エンジンを搭載した乗用車を実用化できるかは定かではない。

むしろ、水素タンクを搭載する余地のあるトラックなど大型車に可能性がありそうだ。水素はガソリンに比べ燃焼速度が7倍速いため、低回転域でのトルクが強いといった特性も、大型車に向いている。過酷なレースの場で鍛えることで急速な性能向上を狙う。

エンジン研究の第一人者である早稲田大学の大聖泰弘名誉教授は、「白金など高価な材料を含む燃料電池を使わない分、水素エンジン車の車両コストはFCVよりもかなり安くできる」とその可能性に着目する。水素インフラ整備というハードルがあるのはFCVと同様だが、大型車における脱炭素の選択肢になるかもしれない。

トヨタが車を販売する国・地域は170以上で、電力事情も一様ではない。「最後はお客様が選ぶ」と豊田社長が述べるように、消費者の使い勝手や各国のエネルギー事情を考慮すれば、全方位戦略には一定の合理性がある。

トヨタ幹部は「財務体力を持つからこそ、脱炭素戦略の判断では、他社よりも時間的なマージン（余裕）がある。今『急激にEVにする』などと宣言するのはトヨタにとって得策ではない」と話す。

全方位戦略を取れるのはトヨタの強さ故。それが吉と出るか、凶と出るか。日本の自動車産業の行方をも左右する。

（木皮透庸）

「脱炭素メディア」と化すトヨタイムズ

脱炭素に向けて全方位戦略を掲げるトヨタ自動車が大事にしている情報発信メディアがある。２０１９年１月に豊田章男社長肝煎りでウェブ上に開設された「トヨタイムズ」だ。

開設の大きなきっかけは、１８年１月に豊田社長が「自動車メーカーからモビリティカンパニーへの変革」を宣言し、仲間づくりを加速させたことだ。社内のみならずトヨタグループ以外のパートナー企業やトヨタとの協業を検討する企業に対し、変革を進める自社の取り組みを丁寧に伝える必要性が出てきた。だが、従来の広報では限界があった。豊田社長は当時「マスメディアのフィルターを通さず、われわれの意思を知ってもらう選択肢をつくる必要がある」と周囲に語ったという。

開設当初に目立ったのは、これまで対外的に明かされてこなかった情報だ。例えば、労使交渉の現場にカメラを入れ、動画として配信。労使交渉の結果が記者会見をするより先にトヨタイムズに掲載されるなど、情報の「トヨタイムズファースト化」も進んだ。

変わろうとするトヨタの模索を積極的に発信する反面、「豊田章男、はじめてのおつかい」や「【密着】豊田章男の休息」などの記事もあり、「豊田社長の個人的なプロモーションメディアではないか」（トヨタグループの部品メーカー首脳）と揶揄する声があったのも事実だ。

それが、「最近は公に向けたトーンへと変わってきた」（同）。自動車業界が直面する脱炭素という大きな課題を前に、自社の考え方を発信する内容が急激に増えてきたのだ。

脱炭素化の理解を熱望

「ガソリン車さえなくせばいい、といった報道がなされている」「自動車業界では一貫して『電動化』という用語を用いてきたが、メディア報道では『EV化』になる」

2020年12月、自身が会長を務める日本自動車工業会（自工会）の会見で豊田社長は電動化に関する一連の報道に関して記者たちに苦言を呈した。

この会見をきっかけに、トヨタイムズは脱炭素への提言を主題とする自工会の会見をたびたび取り上げるように。レース活動を通じて開発を進める水素エンジンの取り組みを紹介する連載もスタートし、「脱炭素への正しい理解」を訴えるツールになった。

実際、メディアとしてどれほどの影響力があるのか。テレビCMを多数投入して露出に力を入れるトヨタイムズだが、サイトを訪れた人数を示すユニークユーザー数（UU）は公式発表で約48万（21年4月）。自動車メディアというくくりで見れば、月間1000万UUを超えるものもある中、その発信効果は未知数だ。

豊田社長は、国内の自動車産業が競争力を維持するにはエネルギー政策の転換が不可欠だと訴える。オウンドメディアを通じて世論の喚起にまでつなげられるか。

運転支援が変える車の価値

「右に車線変更します」。助手席に乗る担当者の指示に従いステアリングを握り、目で安全を確認すると、車内に電子音声が流れる。ウィンカーとステアリングが自動で操作され、車が右の車線へと移っていく。

2021年4月に開かれたトヨタ自動車の試乗会では、高度運転支援の新機能「アドバンスト・ドライブ」を搭載する車種が披露された。同機能は高度車載システムがドライバーによる監視の下にハンドル操作やブレーキによる車線維持、車線変更や追い越しなどを支援するもの。5段階ある自動運転機能のレベル2に相当し、4月に「レクサスLS」と燃料電池車の「MIRAI（ミライ）」で搭載モデルを発売した。

自動運転は、メーカー各社がしのぎを削る先進技術の1つだ。「POV（Personally

Owned Vehicle）」と呼ばれる個人所有の乗用車向けのものがある一方で、ロボットタクシーや自動運転バスなどを活用した「ＭａａＳ（Mobility as a Service）」と呼ばれる移動サービスでも自動運転の技術開発は行われている。

ＭａａＳ向け車両の開発において、トヨタは特定条件下での完全自動運転であるレベル４相当技術の早期開発を目指す。ＰＯＶに比べＭａａＳは地域やルートの条件を限定しやすいからだ。

冒頭のＬＳなどが対象となるＰＯＶ向けは、想定される用途が幅広く、ドライバーによって運転技術も異なる。トヨタの中核子会社ウーブン・プラネット・ホールディングス（ＨＤ）の鯉渕健・最高技術責任者（ＣＴＯ）は「ＰＯＶではレベルの数字を追い求めない。本当に安全で安心であることがいちばん重要」と強調する。

レベル2に価値を見いだす
―自動運転機能の分類―

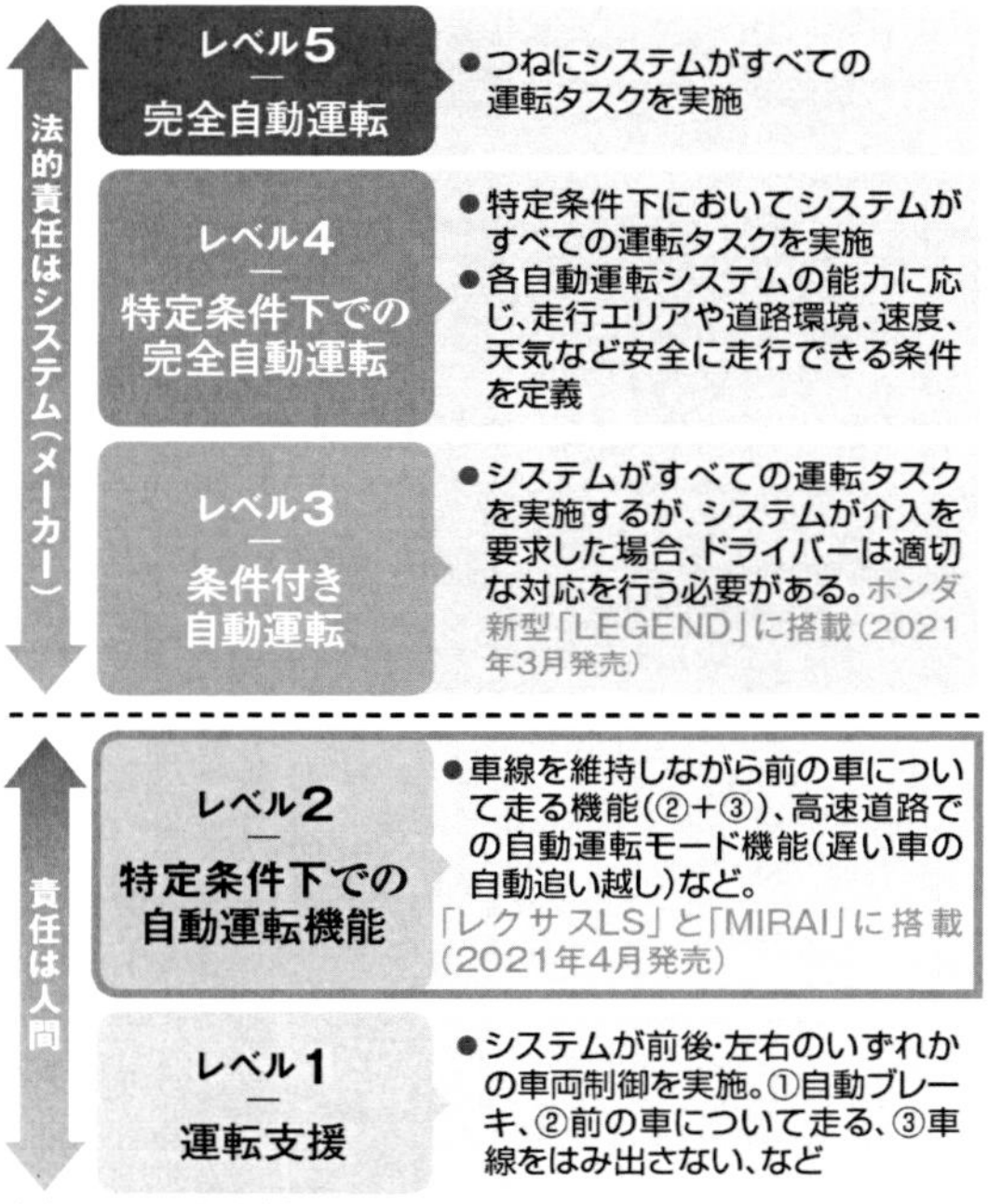

法的責任はシステム(メーカー)
レベル5
完全自動運転
●つねにシステムがすべての運転タスクを実施
レベル4
特定条件下での完全自動運転
●特定条件下においてシステムがすべての運転タスクを実施
●各自動運転システムの能力に応じ、走行エリアや道路環境、速度、天気など安全に走行できる条件を定義
レベル3
条件付き自動運転
●システムがすべての運転タスクを実施するが、システムが介入を要求した場合、ドライバーは適切な対応を行う必要がある。ホンダ新型「LEGEND」に搭載(2021年3月発売)
責任は人間
レベル2
特定条件下での自動運転機能
●車線を維持しながら前の車について走る機能(②+③)、高速道路での自動運転モード機能(遅い車の自動追い越し)など。
「レクサスLS」と「MIRAI」に搭載(2021年4月発売)
レベル1
運転支援
●システムが前後・左右のいずれかの車両制御を実施。①自動ブレーキ、②前の車について走る、③車線をはみ出さない、など

(注)レベル3の法的責任は事故の状況によって異なる
(出所)国土交通省などの資料を基に本誌作成

リフト、部門買収の効果

とはいえ自動運転技術の開発には、トヨタといえど単独では限界がある。とくにグローバルでは、交通規制や道路環境が国・地域によってバラバラなこともハードルになる。そこで米国では自動運転スタートアップのオーロラ・イノベーション、中国では小馬智行（ポニー・エーアイ）などと提携し、開発戦略を推し進めている。

直近で注目を集めたのが、21年4月に発表した、ウーブン・プラネットHDを通じた米ライドシェア大手Ｌｙｆｔ（リフト）の自動運転部門の買収だ（買収金額は約600億円）。300人以上のエンジニア、研究者、モビリティ専門家を迎え入れ、技術や走行データなども手に入れた。買収効果について鯉渕CTOは「もともと計画していた人員増強を2年ぐらい前倒しで実施できた」と明かす。

技術開発の次にあるのが、どう事業化するのかという点だ。米国ではグーグルの兄弟会社ウェイモが20年10月から無人車両による配車サービスを試験運用している。日本ではゼネラル・モーターズ（GM）子会社のGMクルーズと組むホンダなどが技術実証を始めている。この点について鯉渕ＣＴＯはＭａａＳ向け技術の開発は現状手探りであることを認めつつ、ＰＯＶ向けは「かつての『プラズマテレビ』のように値段を下げ、アドバンスト・ドライブの搭載車種を手頃な価格で提供していきたい」との意向を示す。

アドバンスト・ドライブ搭載のＬＳは非搭載モデルと比較し、１００万円程度の価格差がある。トヨタが主戦場とするモデルの価格は２００万〜３００万円台のため、そこではより消費者の負担感が増すことが予想される。「まずは2車種で市場への訴求を図り、いかに主力のボリュームゾーンへ広げていけるかが課題」（ウーブン・コア開発者の尾崎修氏）となる。

売り切りからの転換

そのために重要なのが、この機能に顧客が価値を感じてくれること。カギは「ＯＴＡ（Over The Air：無線通信）」と呼ばれるソフトウェアアップデート（更新）にある。

これによって、ネットを通じ制御や高精度地図のソフトウェアを更新し、走行データとともに車を進化させることを実現する。LSとMIRAIでは7月下旬に最初の更新を実施した。

ただし、アドバンスト・ドライブ搭載車はあくまで売り切りモデルだ。ソフトウェア更新が生む付加価値に顧客が対価を払うという点では、サブスクリプション（定額課金）のほうが相性はいい。

トヨタは2022年春、グループの子会社KINTOを通じ、ソフトウェアへの月額課金を始める。先駆けとなるのが「GRヤリス〝モリゾウセレクション〟」だ。小型レーシングカーであるGRヤリスの特別版で、基本走行性能を中心にソフトウェアを更新する。ドライバーの運転の仕方に合わせてパーソナライズも行う。

更新の費用はサブスクサービス「KINTO」の月額利用料に含まれる。モリゾウセレクションの月額料金はボーナス払いなしの場合8万1840円からで、通常のGRヤリスより2640円高い。外装などに関する一部有料メニューを除けば、主にソフトウェア更新に対する月額課金となる。

従来も自動車メーカーはカーナビや不具合などについてソフトウェア更新を行っていた。だが、走行性能の更新に踏み込むのは国内ではこれが初の事例だ。トヨタが行っているモータースポーツでのソフトウェアの改良に着想を得て導入に至ったという。

ソフトウェアに対する課金で先を行くのは米テスラだ。同社は7月から米国で、「FSD（フル・セルフ・ドライビング）」というOTA付きの高度運転支援機能の提供を月額99ドルと199ドルの2つのメニューで開始した。従来は1万ドルの売り切りのみだった。

テスラは全車種でFSDを展開する。これと比較するとトヨタは適用車種が1車種のみ、かつ車種自体もニッチ向け商品と、慎重な滑り出しに映る。この違いについてKINTOの小寺信也社長は「トヨタは取り扱い車種も多く、テスラのように一気に展開するというわけにはいかない。まずはGRヤリスから始めて、順次展開車種を増やしていきたい」と語る。

自動運転は脱炭素と同様、継続成長に欠かせない領域。それだけにトヨタのスピード感や成果が問われる。

（横山隼也、中野大樹）

「レベルの高さは追わない、ソフト更新も実施」

ウーブン・プラネット・ホールディングスCTO
ウーブン・コア　チェアマン・鯉渕　健

GAFAや新興企業の参入も相次ぐ自動運転領域にどう取り組むのか。制御システムの開発に長年携わってきた、ウーブン・プラネットHDの鯉渕健・最高技術責任者（CTO）に聞いた。

――自動運転技術の開発では何を大切にしていますか。

自動運転はレベル何という形で語られがちだが、数字だけが唯一の指標ではない。

レベル2にもやれることがまだまだある。それはレベル3でも同じだ。数字を追い求めるのではなく、まずは本当に安全で安心であることをいちばんに置き、どれだけ使いやすく疲れず快適に移動できるかを突き詰めていく。レベルというのはその結果として出るのであり、数字だけを追うのは僕らの方針ではない。

――個人向けのPOV（Personally Owned Vehicle）と法人向けのMaaS（Mobility as a Service）とでは、取り組み方はどう違いますか。

POV向けは、例えばセンサーを搭載するにも車両のスタイルに悪影響を及ぼしてはいけない。コストの制約が大きいし、さらにどこでも走れないといけない。それに比べてMaaS車両は、新しいサービスが実現できるなら見た目への悪影響は多少なら気にならず、コストも自動運転技術によってオペレーションコスト全体が下がるなら導入しやすいという面がある。

タクシー会社のようにメンテナンスを毎日実施し、走れる場所を限定すれば、リモート管理も可能だ。そういう意味では、MaaS向けのほうが高いレベルの自動運転を実現できる下地がある。

レベル2の精度を追求

――POVでは21年4月、高度運転支援技術の新機能「アドバンスト・ドライブ」を搭載した「LS」と「MIRAI」を発売しました。

値段と機能を考えたときの優秀なレベル2を提供することができたと思う。OTA（無線によるデータ送受信）やLiDAR（レーザー光を用いた物体の形状や距離の測定）、ディープラーニングといった技術を突き詰めた。アドバンスト・ドライブ搭載のLSは約1600万～1800万円、MIRAIは約850万円だが、次はもっと手頃な価格で提供していきたい。

――ホンダは21年3月、世界初となる自動運転レベル3の乗用車を投入しました。

今想定されているレベル3はすべて渋滞中の環境だ。速度が出た状況でもレベル

3を実現しようとすると、非常に遠くまで距離の安全性を保証しないといけない。これは技術的にもとても難しい。ユーザーはレベル3の実現で自由にいろんなことができると期待しているが、なかなかそうはならない可能性もある。

——LS、MIRAIでは7月に初めてOTAによるソフトウェアアップデートを実施しました。この狙いは。

これからは顧客の手に車が渡った後も機能が進化し続ける。自動運転やコネクテッドといった技術は進化が非常に速いため、最新の車も3~4年経つと古くなる。それがソフトウェアアップデートで最新の状態に保てる。どんなふうにお金をもらうか、コストを転嫁するかは難しいが、付加価値が増える分、多く払ってくれる形が理想だ。基本的にはアップデートの対象となる車両を増やしていきたい。

——米テスラはOTAによる月額課金も始めています。

フィードバックを含め、まずはユーザーとコミュニケーションを取りたい。OTA

にどう価値を見いだしてもらえるか、どの範囲ならお金をいただけるか。マネタイズの方向性は考えなくてはいけない。

（聞き手・横山隼也）

鯉渕　健（こいぶち・けん）

1993年にトヨタ自動車入社。車両運動性能開発などに携わり、幅広い車両制御システム開発の専門知識を習得。2014年から自動運転技術などの開発責任者を担当、18年7月からTRI－AD CTOを兼務。21年6月にトヨタのクルマ開発センターフェローに就任。

「日の丸トラック連合」の危機感

自動車のカーボンニュートラルにおいて重要な役割を果たすのが、トラックメーカーだ。環境省によると、国内のCO2排出量全体のうち運輸部門は約2割を占め、そのうち貨物車が4割弱を占める（2019年度）。

そうした中、日系トラックメーカー各社は海外のメーカーと手を組み、電動化の技術開発などで協力関係を築いてきた。いすゞ自動車は20年にスウェーデンのボルボ・グループと、日野自動車は18年に独フォルクスワーゲン傘下のトレイトン、20年に中国BYDとそれぞれ戦略的提携を結んでいる。

各社の連携で大きく山が動いたのが、21年4月に設立された国内トラックメーカーが一斉に参画する「CJPT（コマーシャル・ジャパン・パートナーシップ・テクノロジーズ)」だ。トヨタ自動車が中心に座り、いすゞ、日野が加わる形で発足。7月には軽自動車メーカーのスズキ、ダイハツ工業の2社も1割ずつ出資した。トヨタが6割、残り4社が1割ずつ株を持つ。

トヨタを軸に商用車の共同出資会社を設立

—CJPTに関する5社の出資比率—

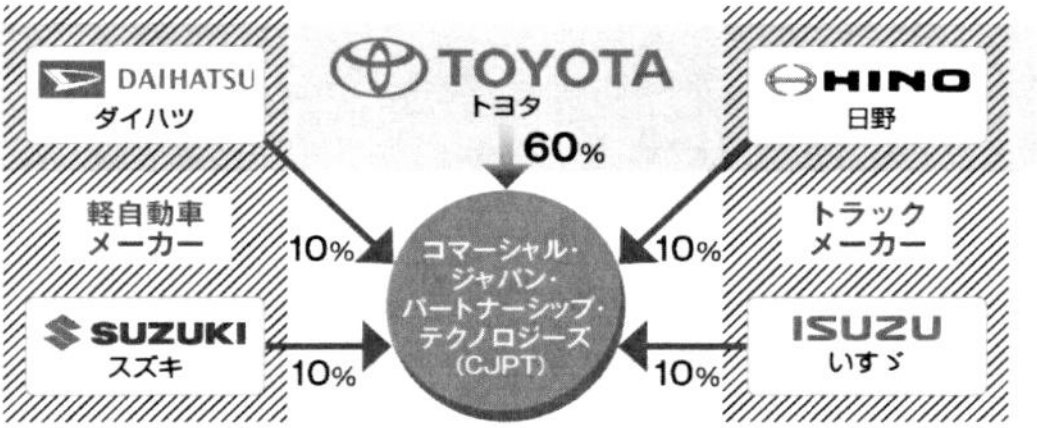

(注) %の数値は出資比率　(出所) 各社の発表資料を基に本誌作成

■単独では生きていけない時代に

—国内メーカーにおける提携・出資の動き—

2018年4月	日野、トレイトン(独)との戦略的提携に合意
20年4月	日野、商用車メーカーBYD(中)と戦略的提携を締結
10月	いすゞ、ボルボ・グループとの戦略的提携を締結
21年4月	**トヨタを交え、日野といすゞ、新会社CJPTを設立**
	いすゞ、UDトラックス買収、完全子会社へ
7月	**スズキ・ダイハツ、CJPTの株式を10%ずつ取得**

(出所) 各社の発表資料を基に本誌作成

物流業界の課題を解決

目指すのは、トラック物流からラストワンマイルの軽商用車までつながるコネクテッド基盤の構築だ。これにより、顧客である運送事業者の業務効率化を図り、CO2の削減を進める。具体的にはデータによる輸送ルートの最適化や荷物の積載効率向上などを行う。

すでにトヨタは、21年4月からイオンの物流子会社に対しトヨタ生産方式を使ったサプライチェーン効率化の支援を行っており、この取り組みをCJPTとしても進めていく。CJPTの社長でトヨタ商用車部門の責任者を務める中嶋裕樹氏は「顧客の作業工程に入り、困り事を解決していきたい。OS（基本ソフト）の型を作り、それをアプリとして多方面に展開するイメージだ」と語る。

効果はカーボンニュートラルに向けたCO2の削減に限らない。物流業界ではドライバーの高齢化による人手不足が深刻だ。そこにコネクテッド基盤を生かし、課題解決を図ろうとしている。

ＣＪＰＴの参画企業に関しとりわけ意義が大きいのが、両社で国内トラック市場のシェア約８割を握る日野といすゞがいることだ。ライバル関係ではあるものの、いすゞの片山正則社長は「今持っている技術や設備が負の遺産になる可能性がある。ここから先はいすゞ１社の力だけで生き残れるほど甘い時代じゃない」と危機感を示す。ＣＪＰＴの中嶋社長は「トヨタの豊田章男社長と片山社長のトップ会談があった後、すぐに会社をつくることが決まった。スズキ、ダイハツも発表後すぐにここに入ることになった」と話す。

トヨタとしても、ＣＪＰＴで得られる知見は大きい。ここで培ったコネクテッド基盤の構築やデータ収集・活用のノウハウを、乗用車の分野で応用できるからだ。「乗用車より、輸配送のルートが決まっている商用車のほうがＣＡＳＥの技術を磨きやすい。ここで学んだことをトヨタ本体でも生かしたい」（中嶋社長）。

選択肢少ない商用ＥＶ

ＣＡＳＥの「Ｃ」に重きを置くＣＪＰＴだが、「Ｅ」の展開はあまり見えてこないのが現状だ。

大手２社のうちの日野が２０２２年初夏、いすゞも同年にＥＶトラックを初投入する予定だが、運送会社から見るとまだ選択肢が少ない。

３０年までに日本の配送車両の６割をＥＶに切り替える予定の独物流大手ＤＨＬの日本法人は、２１年８月から三菱自動車の軽自動車タイプの商用ＥＶを導入している。同日本法人は現在、約７００台の配送車を抱える。車両の導入・計画で責任者を務める曽我健氏は「１３年の実証実験では日産自動車の商用ＥＶを増やすプランだったが、日産が生産を停止してしまった。今の日本は商用ＥＶの選択肢が少ない」と指摘する。

日系の物流会社では、日本郵政グループが２輪を含めた１１万台の車両のうち２５年度までに軽自動車１・２万台、２輪２・１万台のＥＶ導入を検討する。グループ全体の約２割のＣＯ２が集配車両などから排出されているが、ＥＶ化によりこれを削減していく。

佐川急便は現在約７０００台ある軽自動車の配送用車両を３０年までにすべてＥＶ化する。ただ、これらの計画に沿った商用ＥＶのラインナップや魅力的な価格が既存の商用車メーカーから出てきているとはいえない。

一方で新興メーカーが商用車の市場に参入する動きもある。２０年６月設立のＡＳＦは佐川急便とバンタイプの軽ＥＶを共同開発し、製造は中国の柳州五菱汽車に委託するファブレスメーカーだ。ＡＳＦの飯塚裕恭社長は「ＥＶは内燃式に比べ２倍の車両コストになることがネック。われわれは従来の商用車と変わらないコストで保有できるものを目指す」という。

ＣＪＰＴとしての電動化の取り組みは、ＥＶ一択ではない。航続距離の長い商用車は電池の充電時間も長くなり、逆に電池を大量に積むと積載量が減る。そこでトヨタと日野は２２年春にＦＣＶ（燃料電池車）の走行実証を行い、ここにアサヒグループの物流子会社と西濃運輸、ヤマト運輸が参加する。２１年６月にトヨタは複数のパートナーと組み、福島県で配送用のＦＣＶを導入することも明らかにしている。

ＥＶ対応が差し迫って必要となるのは、物流のラストワンマイルだろう。前出のＡＳＦもそこを狙っている。幹線輸送とは違い、街中を走る宅配車両などのＥＶ化が運送事業者にとって重要課題となる中で、小型トラックのＥＶシフトは待ったなしだ。

自動車業界の枠を超えた脱炭素化の努力も必要になる。ＰｗＣコンサルティングの戦略部門Ｓｔｒａｔｅｇｙ＆の室井浩気シニアマネージャーは「商用車メーカーは石油や電力などエネルギー業界とも連携を深め、ｅ－ｆｕｅｌや次世代バイオ燃料を含めた最適な解を探るべきだ。同時に炭素税を導入するなど、政府がメーカーに対するＥＶ化のメリットを打ち出していく必要がある」と指摘する。

今のところ、「日の丸トラック連合」の具体策はまだ出てきていない。ＥＶのみに傾注しないのは、ＣＪＰＴの筆頭株主であるトヨタの意向があるためとみられる。商用分野でも全方位策は吉と出るのか。取りまとめ役の本気度が試される。

（井上沙耶）

事業体制の転換は待ったなし

背水の陣で挑むホンダ、日産

「次世代バッテリー開発」「電動車の技術渉外」「OTAによる車載ソフトウェア配信システムの企画開発」――。

本田技研工業（ホンダ）の中途採用サイトには、車の電動化やコネクテッド技術などCASE技術に関わる人材募集の項目がズラリと並んでいる。この求人が示すように、ホンダは次世代車開発に向けた改革に全社で突き進んでいる。

業界内に衝撃を与えたのが、4～5月に募集した55歳以上64歳未満の社員を対象とする早期退職だ。国内の正規社員の約5％に当たる2000人以上が応募した。狙いは、会社の世代交代をし新技術の開発競争に備えることだ。

ホンダは4月、2040年までに世界で販売する新車をすべて電気自動車（EV）

か燃料電池車（ＦＣＶ）にすると宣言。また、北米では米ゼネラル・モーターズ（ＧＭ）と共同開発する大型ＥＶを２４年に２車種、中国では今後５年以内にＥＶを１０車種、日本では２４年に軽自動車のＥＶを投入する。

これまでＦ１などで培ってきた「エンジンのホンダ」の看板を降ろし、日本勢では初めて脱エンジンへと舵を切った形だ。ホンダの三部敏宏社長は「過去の延長線上に未来はない。『第2の創業』のようなものだ」と覚悟を決める。ただ、社内の反応は冷ややかだ。あるホンダ社員は「社内では大きな変化は感じられない。２０年先の目標では現実感を抱きにくいのでは」と語る。

目標を達成するには現状の事業構造を根底から変える必要がある。ホンダが売るＥＶは、中国の合弁会社で展開するものを除き、年間1万台の販売目標を掲げる「ホンダｅ」のみ。〝電動化後発組〟であることは明らかだ。トヨタ自動車と比べ世界の各地域で電動車販売比率は低い。

事業体制の転換に向け、進めるのは早期退職だけではない。ホンダは営業利益率が1％台にまで落ち込む4輪事業において、世界の生産能力を1割弱削減。国や地域によって使う部品が異なる派生モデルも減らしていく。「聖域」とされてきた本田技術研究所の組織再編にも踏み込んだ。

日産自動車も背水の陣で電動化に臨む。検査不正やカルロス・ゴーン元会長の逮捕など相次ぐ不祥事と経営の混乱で毀損したブランドと経営の再建を、電動化に託す。

そのための地固めとして、20年3月期は、グローバルでの生産能力と車種数を2割減らすなどして、固定費を3500億円以上削減。北米を中心に、販売奨励金を抑制する販売体質の改善にも取り組んでいる。

日産が目指すのは、EVと日産独自のハイブリッド車（HV）技術である「eパワー」の2本柱から成る電動化戦略だ。日産といえば、約10年前に世界に先駆けて量産型EV「リーフ」を投入したEVのパイオニアのはずだ。ただ、リーフの世界販売台数は発売から21年時点までの累計で50万台強。これとほぼ同規模のEVを、米テスラは1年で販売している。国内の電動車比率こそ20年度時点で6割と、トヨタやホンダを超えるが、世界での存在感は薄い。

日産は主要市場へ投入する新型車を30年代早期に100%電動化する目標を掲げるが、長期的な戦略は示していない。内田誠社長は「秋には電動化戦略の下で日産がどこに向かうのか示したい」と語る。

EV化を柱に据えた施策は打ち出され始めている。6月にはブランドの象徴と位置づけるスポーツ用多目的車（SUV）タイプのEV「アリア」の予約受注が始まった。8月末には、三菱自動車と共同開発を進める軽自動車のEVを22年度初頭に発売すると発表。ラインナップを一気に拡充する計画だ。

ホンダの電池戦略に懸念

急速に電動化を進めるホンダと日産にとって、成否を握るのが基幹部品で車体の生産コストの3分の1を占める電池の安定調達だ。

ホンダの三部社長は、電池調達の基本姿勢についてこう語る。「リチウムイオン電池は（輸送による発火や劣化のリスクもあり）基本的に地産地消だ」。実際のところ、ホンダは主戦場である北米、中国、日本で異なる電池戦略を取っている。中国では、資本提携している車載電池の世界大手・寧徳時代新能源科技（CATL）、北米ではEV全般で提携しているGMから供給を受ける戦略だ。

一方、現状で明確なパートナーが定まっていないのが、おひざ元の日本市場だ。日本の電動車の主流はHVであり、ホンダが49％を出資する車載電池会社のブルーエナジーが生産するのもHV向け。国内でEVに搭載できる高容量の電池を生産しているのは、日産と関係の深いエンビジョンAESCを除けば、パナソニックと東芝しかない。ホンダはこれまでパナと親密だったが、20年にパナはトヨタと合弁会社を設立。「トヨタ以外にも外販するというのが表向きだが、トヨタへの供給が優先されるのは明らか」（電池業界関係者）。早晩、パナからの調達を打ち切るとの見方もある。その際、どこから電池を調達するのか明確でない。

さらに、GMと協業する北米でも不穏な動きがある。8月までにGMは「シボレー・ボルトEV」の電池パックに発火のおそれがあるとしてリコールを相次ぎ発表。計約14万台が対象となり、費用は約2000億円にまで膨らむ。

GMはリコールの原因がセルを供給する韓国LG電子などにもあるとして、費用負担を求める方針だ。北米で投入するEVにGMとLGが共同開発した電池「アルティウム」を採用する予定のホンダにとって、リコール騒動で2社の関係が悪化すれば北米でのEV戦略を揺るがす可能性もある。

日産も地域によって異なる電池を採用する戦略を取る。リーフでは、元日産系で中国資本に買収された車載電池メーカーのエンビジョンAESCジャパン製、アリアではCATL製の電池を採用する。今後は、世界的に電池の争奪戦が激化する中、安定調達のためにAESCとの連携をさらに強化していく狙いだ。

AESCは7月に英国で、8月には茨城県で電池工場の建設を発表しており、出荷先は日産が主とみられる。

日産は米国で30年までにEVの販売比率を40%まで高める目標を新たに掲げた。現在の電動車比率は1割未満で、どのような具体策を描くのかが問われる。

トヨタと異なり経営資源の限られるホンダと日産が、足元の経営課題解決と電動化をどう両立させていくのか。難易度は極めて高い。

（横山隼也）

始まった部品会社の生存競争

「真岡は閉鎖します」

6月上旬、本田技研工業（ホンダ）の三部敏宏社長とホンダと取引のある自動車部品会社のトップたちとの間で開かれたオンライン会合。三部社長の放った一言で、参加者の間に衝撃が広がった。

栃木県真岡（もおか）市には、エンジン関連部品の製造拠点である「パワートレインユニット製造部」があるが、ホンダは2025年中の閉鎖を決定。会合には同工場に部品を卸す部品会社も参加していたが、事前の説明はなかったようだ。ある部品会社の首脳は「そんな話はまったく聞いていない」と突然の宣告に驚きを隠せない。

ホンダは4月、40年までの「脱エンジン」目標を掲げた。従来の、ハイブリッド車（ＨＶ）を含めた全方位の電動化戦略から、電気自動車（ＥＶ）へと一気に経営資源の集中を図るものだ。それに伴い、ホンダ系部品メーカーも事業体制の転換を迫られる。

エンジンに関連する燃料系や排気系の部品を手がけてきた部品会社にとって、多くの部品が不要になるＥＶ化の波は「まさに生き残りを懸けた戦いになる」（部品メーカー幹部）。

世界の環境規制が厳しくなる３０年までにエンジン車向け部品の市場は停滞していくことが想定され、部品会社には新たな収益源の確保が求められる。

エンジン部品の必要性は薄れる
—グローバルでの自動車部品市場規模と構成推移—

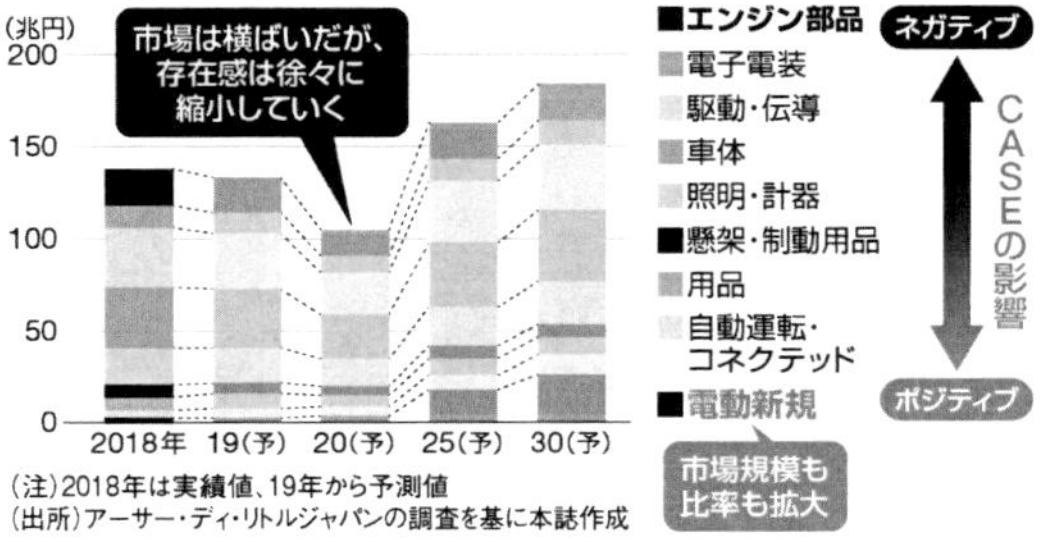

(注)2018年は実績値、19年から予測値
(出所)アーサー・ディ・リトルジャパンの調査を基に本誌作成

「電動化でエンジン事業の縮小は避けられない」。エンジン向け部品を手がける日本ピストンリングの高橋輝夫社長は吐露する。同社は現在、非エンジン事業の売上構成比率がわずかだが、30年には4割にまで引き上げる計画だ。

ホンダ系で燃料タンクが主力の八千代工業は、燃料系部品の市場ピークを25年と想定。足元では、燃料電池車（FCV）向けFCタンクの研究開発や、軽量でEVにも用いられる樹脂製内外装部品の拡販に取り組んでいる。

既存事業の枠組みを超えて動く企業も出てきた。減速機構部品などエンジン関連部品が主力の武蔵精密工業は、オープンイノベーションを積極的に活用。イスラエルのEVベンチャーと提携し、駆動系部品などを搭載したEVプラットホームの開発に乗り出した。

もっとも、地殻変動に備えて手を打つ企業が多数派とはいえない。「中小部品会社の多くは、新たな収益源をどのように見つけるか、連携する相手といかに接点を持つかがわからないのが現状だ」（大手自動車メーカー幹部）。

脱炭素政策で求められる製造時の二酸化炭素の排出量削減も、部品メーカーにとって新たな投資負担となる。経済産業省や業界団体はこの実態を課題視し、具体的な支援策を検討しているところだ。

猶予期間はわずか

猶予期間はわずかに残っている。ボストン コンサルティング グループの試算によれば、純粋なガソリン車は30年に向けて急減するが、バッテリーとエンジンが併存するＨＶとプラグインハイブリッド車（ＰＨＶ）の割合は35年時点でも全体の約4割を占める。燃料系部品メーカーの幹部は、「残存者利益を獲得しながら、ＥＶ化への備えを進めていく」と語る。既存市場の「守り」と新市場の「攻め」を両輪で進めることが、エンジン関連の部品会社にとっては当面の現実的な選択肢となりそうだ。

（横山隼也）

中古リーフを20万円で投げ売り

EV化で混乱必至の中古車市場

19万9000円、28万円、33万円——。インターネット上の中古車販売サイトで検索すると、日産自動車が2010年末に発売したEV「リーフ」の初代モデルが中古車として格安で売られていた。新車価格は約380万円。その10分の1以下の価格で売られている車両もある。

なぜここまで価格が下がってしまったのか。近畿地方にある中古車販売店の担当者は、こう事情を語る。「新車当時と比べるとバッテリーが劣化し、航続距離は半分くらいになる車両もある。これくらいの価格じゃないと、お客さんは買ってくれないんですよ」。

一般的に、EV用の電池の性能は10年で7割ほどに下がるといわれる。電池の劣化が進めば、その分航続距離は短くなる。したがって、現行の2代目リーフに比べても「(電池が劣化している車両が多い）初代リーフは値段が下落する傾向にある」(同担当者)。

世界でEVの開発が加速する中、今後販売台数が伸びていけば、中古EVも増加する。その際、冒頭の中古リーフのような価格下落が起きれば、中古車市場全体に影響を及ぼす可能性がある。所有車を売却する際に大幅な値下がりを免れないとなれば、消費者が新車でEVを買う魅力も損なわれ、EV普及の足かせになりかねない。

劣化低減の技術も登場

中古EVの価値暴落を抑える方法はあるのか。1つが、電池の消耗を低減させることだ。アーサー・ディ・リトル・ジャパンの貝瀬斉パートナーは「今後はコネクテッド技術を使って走り方や電池の管理を工夫し、電池の劣化を低減するバッテリーマネジメントが可能になる」と分析する。

電池自体の性能向上も重要になる。日産は2代目リーフの航続距離を初代に比べて2倍以上に向上させ、21年冬に発売する新型EV「アリア」の最大航続距離は約610キロメートルと、既存のEVの中でもトップクラスにまで伸ばした。もともとの電池性能が高ければ、その分中古の価値下落を抑えることができる。

さらに劣化したEV用電池の再利用法も模索されている。日産の子会社のフォーアールエナジー(横浜市)が取り組むのは、回収したEV用電池を3段階(A~Cランク)で評価し、再利用先を定める事業だ。

劣化度合いが小さいAランクは、EV用中古電池としてそのまま再利用する。それ以下は車載用には使わず、別の活用法を見いだす。Bランクは家庭用蓄電池や電動フォークリフト、Cランクは工場用バックアップ電源などとして用いる。

電池として再利用できない場合でも、材料に用いられるコバルトやリチウムといった金属資源を回収することが可能だ。フォーアールエナジーの牧野英治社長は「これまで数千台のEVを回収し、ノウハウが蓄積しつつある。正確な検査で評価し、再販売することでEVの信頼性を高めたい」と語る。

フォーアールエナジーは、21年以降に初代リーフの中古電池の回収が増加すると予想し、福島県浪江（なみえ）町にある工場を拡張。従来の検査処理能力を、年間3000台規模から5000台規模まで引き上げる予定だ。

住商アビーム自動車総合研究所の大森真也社長は「EVを普及させるには、これまでのようにただ売るだけではなく、資源の回収など〝静脈〟も含めたサプライチェーンの構築が重要になる」と指摘する。中古EVは、自動車業界全体に新たな課題を投げかけている。

（横山隼也）

ネックは販売価格と航続距離

「軽」EVシフトの暗中模索

国内新車販売台数の約4割を占める軽自動車では、異業種を含めたEV（電気自動車）投入の動きが活発化している。

2021年8月、日産自動車は三菱自動車と共同開発する軽自動車タイプのEVを2022年度初頭に国内で発売すると発表した。三菱自動車は09年に軽タイプのEV「アイ・ミーブ」を展開していたが、販売台数が伸び悩み、21年3月に生産を終了した。日産は10年に「リーフ」を発売し累計50万台強を売り上げているが、これが初の軽自動車タイプのEVとなる。

両社が投入するEVは、車高が高く車内空間が広いハイトワゴンタイプ。満充電時の航続距離は170キロメートル、補助金込みの価格は約200万円を想定する。日産の小口毅マーケティングマネージャーは、「主に街乗りや日常使いの利用シーンを想定している。軽自動車利用者の約8割は1日の走行距離が50キロメートル以下なので、それを満たすように設定した」と話す。

単純計算で片道85キロメートルと、渋滞や気象条件を考慮すると旅行など遠出には不向きと見えるが、「EVはバッテリーのコストが高いため、航続距離を延ばすと販売価格の上昇を招く。そうしたバランスを取った商品設計とし、地方の2台目需要の取り込みなどを狙っている」（小口氏）という。

軽のEVを選ぶ大義

軽タイプEVの投入を宣言しているのは日産・三菱自動車だけではない。ホンダは24年までに発売すると宣言、スズキも時期や詳細は明らかにしていないが、発売自体は表明している。

メーカー各社がEV化を急ぐのは、35年までに電動車100%という政府目標に従ううえで、ハイブリッド車（ＨＶ）が軽自動車に不向きという事情がある。

理由は空間の制限だ。ホンダの「Ｎ－ＢＯＸ」やダイハツ工業の「タント」といったスーパーハイトワゴンの台頭で、昨今は軽自動車であっても、車内空間の広さが重視されるようになっている。これが本格的なＨＶになった場合、ガソリン車と比べ搭載する部品が多くなり、ゆったりとしたスペースが失われてしまう。

その点で、ＥＶはバッテリーとモーターを車体の下に敷き詰めることができるため、車内空間を確保しやすい。「ユーザーの利便性や開発のしやすさにおいて、ＥＶは軽にこそ適している」と、ＥＶの開発やコンサルティングを手がけるベンチャー、ＦＯＭＭの鶴巻日出夫社長は指摘する。

とはいえ、軽自動車のＥＶ化にも大きなハードルがある。前出の日産・三菱自動車も直面する価格と航続距離のバランスだ。

「安全装備の拡充などで、ただでさえ軽の価格は上がっている。ＥＶ化でさらに値段が上がったとき、あえて軽を選ぶという顧客がどれだけいるのか不透明。小型車に流れるのではないか」。軽自動車の販売が半分を占める首都圏の日産系販売店の店長はそう話す。

石油や家電から参入

そうした中で着目されているのが、「超小型モビリティ」という分野だ。軽自動車よりさらに小さいサイズで、最高時速60キロメートル以下の車両を指す。1～2人乗りのものが多く高速道路や自動車専用道路での走行はできないため、実質的には街乗り専用の車両だ。

トヨタ自動車が20年12月に2人乗りの「シーポッド」を発売するなど、既存メーカーも参入してきている分野だが、より注目すべきは異業種からの新たなプレーヤーの参入だ。

石油元売り大手の出光興産は21年4月、モータースポーツ向け車両などの開発・製造を手がけるタジマモーターコーポレーションとの合弁会社「出光タジマEV」を設立。22年前半に4人乗り超小型モビリティの提供を開始する。

出光タジマEVが提供するEVは満充電時の航続距離が約120キロメートル、月額課金のサブスクリプションを展開するため実際に販売はしないが1台当たりの価格は150万円程度になる。ガソリンスタンドを拠点として法人向けには貸与、個人向けにはカーシェアリングでの提供を視野に準備を進めている。個人は原付や自転車からの乗り換えを主に想定している。

出光興産モビリティ戦略室の朝日洋充氏は「EV普及の最大の課題は価格であり、サブスクの価格もそこを意識している。今は自治体やフードデリバリーサービスなどから問い合わせが来ており、個人会員の囲い込みと両方で収益化したい」と意気込む。出光系列のガソリンスタンドは現在約6400カ所と、過去25年間で6割減っている。ガソリンスタンドを活用した新たな収益源開拓は待ったなしの中、EV事業に託された期待は大きい。

EV専業の新興メーカーも超小型モビリティに乗り出す。20年6月設立のASFだ。ASFは設立と同時に佐川急便と軽EVの共同開発に関する発表を行い、まず業界を驚かせた。21年4月には佐川がASFの軽バンEVを7200台導入することを発表した。

さらに現在、2人乗りの超小型モビリティの開発も進めている。ASFは開発・設計のみを自社で行い、製造を中国・柳州五菱汽車に委託するファブレスが特徴だ。ヤマダ電機の副社長を務めた飯塚裕恭社長は「超小型タイプは飲料メーカーなどから引き合いが来ている。販売価格は1台100万円以下に抑えたい。それでなければやる意味がない」と意欲を見せる。

超小型を含め新興メーカーが参入
―国内の主要な小型EVプレーヤー一覧―

会社名	車格	特徴
日産自動車・三菱自動車	軽自動車（4人乗り）	価格約200万円、航続距離170㎞で、共同開発。2022年度初頭発売
ホンダ	軽自動車	24年までに発売。詳細は不明
スズキ	軽自動車	発売することは表明しているが、詳細、時期は不明
トヨタ自動車	超小型（2人乗り）	20年12月「シーポッド」発売、165万円からで航続距離150㎞。現在は法人向けに限定販売中
出光タジマEV	超小型（4人乗り）	参考価格150万円、航続距離120㎞程度。サブスク、カーシェアで22年導入予定
ASF	軽自動車（2人乗り）	佐川急便と共同開発した商用バンを22年末納車開始。航続距離200km以上。ガソリン車よりも導入・運用コストの総額は低いという
	超小型（2人乗り）	商用向けがメインで、価格は100万円以下を見込む

（出所）各社HP、取材を基に本誌作成

現状、国内の軽ＥＶは税制優遇の恩恵を受けているが、この先優遇がなくなる可能性もある。ホンダの三部敏宏社長は「軽の電動化は越えなければいけない壁だが、とても厳しい」と本音を漏らす。新興勢の台頭で戦いの土俵が変わる中、軽自動車は価値の再定義を迫られている。

（中野大樹）

「EVは儲からない」を覆した

テスラが利益を出せる仕組み

「2021年第2四半期（4～6月期）は、さまざまな面で記録的だった」

7月、電気自動車（EV）最大手・米テスラのイーロン・マスクCEOは21年第2四半期の決算説明会でそう誇った。実際、4～6月期の生産台数と販売台数は初めて20万台を突破し、純利益は11億4200万ドルを記録した。

注目されるのは、数字上の利益のみならず、その中身が改善されたことだ。「クレジット収入を除く自動車の売上総利益と利益率が大幅に増加した」（ザック・カークホーンCFO）のだ。

クレジットとは、走行時に排ガスを出さない車（ZEV）を州政府などが定める台数以上販売した企業が、その規定をクリアできない他社に販売できる権利のことだ。

ＥＶ専業のテスラはクレジットの大口の売り手で、これまで原価のかかからないこのクレジット収入が利益の大部分を支えていた。ただ、クレジットの枠組みは国や自治体の政策次第で変わる可能性がある。さらに他社がＥＶ販売を強化する中、先細りは必至だ。クレジット依存からの脱却は、テスラの課題の１つだった。

その点、今回の営業利益率はクレジット収入を除いても８％。同期間のトヨタ自動車の１２・６％には及ばないものの、米ゼネラル・モーターズ（ＧＭ）の８・４％とほぼ肩を並べる水準だ。期待先行のＥＶベンチャーから大手自動車メーカーと遜色ない収益力を持つ企業へと、テスラは着実に変貌しつつある。

■ 2021年4～6月期に収益力が急上昇

―テスラの販売台数と営業利益の推移(四半期ごと)―

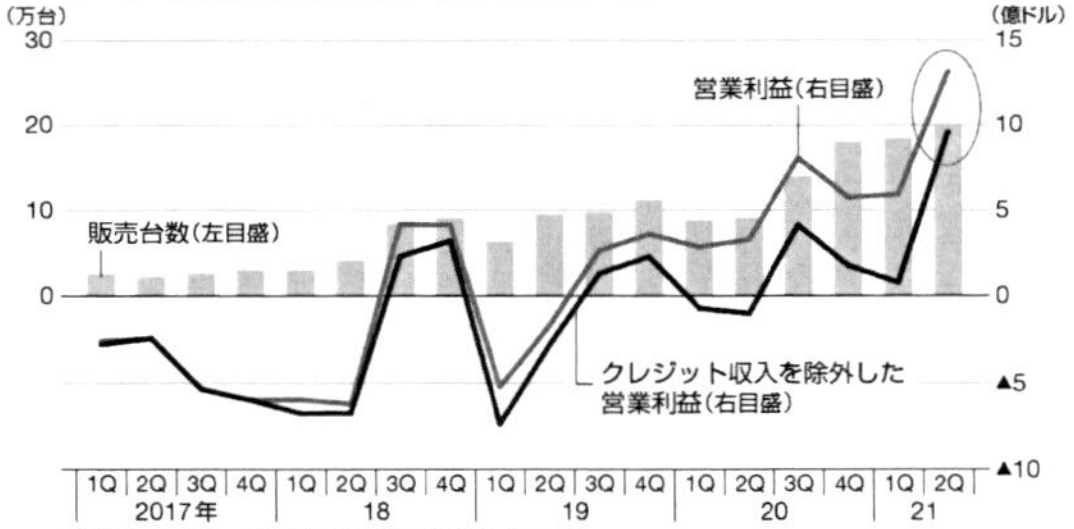

(注)▲はマイナス　(出所)テスラIR資料を基に本誌作成

常識外の経営効率

　そもそも、電池のコストがかさむＥＶは従来のエンジン車よりも利益が出しにくい。テスラが稼げるようになったのはなぜか。

　大前提となるのが、四半期で販売台数２０万台という一定の規模になり、減価償却費や研究開発費を賄える水準に達したことだ。

　そのうえで、ビジネスモデルが既存の自動車メーカーとまったく異なる点が大きい。「高額なテスラ車をディーラーを通さずに直販し、マスク氏がツイッターなどのＳＮＳを効果的に使うことで広告宣伝費をかけない。開発から生産までの内製化率が高く、車種構成は極めてシンプルで経営効率が高いビジネスモデルだ」（ボストン コンサルティング グループの古宮聡シニア・パートナー）。

　ＥＶでは水平分業化が進むとよくいわれるが、テスラが構築してきたのは垂直統合型のモデルだ。電池や半導体、ソフトウェアなどを自社開発。組み立ても自前の工場で行う。初期負担は重いが、成功すれば独自性が商品力につながり、限界利益は大きくなる。

もちろん、量産を軌道に乗せるのは口で言うほどたやすくない。テスラも何度となくトラブルに見舞われてきた。だが苦労してそれを乗り越えたことで、組み立て工程改善の果実を得られている。

車種の少なさも利点だ。高価格帯の「モデルS」と「X」、中価格帯の「モデル3」と「Y」の4車種しかないうえ、それぞれ色や電池容量のバリエーションも少ない。既存メーカーなら、エンジン排気量、ハイブリッドか否か、装備、色まで掛け合わせると、1車種につき数千から万単位の組み合わせになることもある。どちらが効率的かは言うまでもない。

ただ、ナカニシ自動車産業リサーチの中西孝樹代表アナリストは「テスラが本格的に儲かるようになりつつあるのは確かだが、この4～6月期は〝超追い風参考記録〟だ」と冷めた見方をする。

米国を中心に自動車市場がコロナ禍からの需要回復を続ける中、半導体不足によって新車投入が逼迫。結果、各社とも値引き原資となるインセンティブが縮小し、中古車価格も上昇して貸倒引当金が減るという恩恵を受けた。

北米での収益確保に苦戦していた日産自動車でさえ、4～6月期の北米の営業利益率は10・3％をたたき出した。中西氏は「テスラは直販だが、インセンティブはゼロではない。利益率は今後も上下するだろう」と語る。

リスクの反面、期待も大

テスラは今後も成長を続けられるのか。欧米メーカーがEV化に舵を切る中、競争激化は避けられない。そこでテスラが進めているのが生産増強とラインナップ拡充だ。年内には独ベルリンや米テキサスの新工場を立ち上げ年間100万台強の生産体制を構築する。21年後半以降は、ピックアップトラックEVの「サイバートラック」、EVトラックの「セミ」、23年までに2・5万ドルの普及モデルのEV投入を予定する。これらが成功すればスケールメリットが得られるだろう。

もっとも、価格の手頃な普及モデルは両刃の剣でもある。販売拡大を牽引する一方、平均単価を押し下げる。それ以上にコストを下げなければ収益力は悪化する。さらに普及モデルで顧客層が広がれば、従来のテスラ信者なら問題視しない不具合や不都合が許されなくなる可能性もある。

今後は安全問題も大きなリスクとなる。21年1月には米運輸省高速道路交通安全局（NHTSA）からモデルSとXの不具合で13万台超のリコールを要請された。自動運転機能FSD（フル・セルフドライビング）もNHTSAから疑いの目を向けられている。

こうしたリスクを抱えながらも、テスラには可能性が大きく広がっている。その最右翼がソフトウェアでの有料機能アップデートだ。FSDの価格は当初7000ドルからスタートし、機能増強とともに1万ドルまで値上げした。

この7月からは月額199ドルの定額課金での提供も開始している。限界利益率の極めて高いソフト販売が増えれば、従来の自動車メーカーとは別次元の利益率をたたき出せるかもしれない。

もとよりテスラは単なるEVメーカーではない。EVと太陽電池、蓄電装置を提供するエネルギーソリューション企業であり、EVと自動運転を組み合わせたモビリティサービス企業を目指している。四半期利益10億ドルは、マスクCEOの描く壮大なビジョンに向けての一里塚にすぎない。

（山田雄大）

価格帯を広げ、欧州へ輸出も

勢い増す中国製EVの野望

みずほ銀行法人推進部　主任研究員・湯　進

中国は今、第2次EV（電気自動車）ブームに沸いている。2014年から19年までの間に大手自動車メーカーがガソリン車のEV仕様を投入し、その流れに続いて上海蔚来汽車（NIO）、小鵬汽車など多くの新興EVメーカーが誕生したのが、第1次EVブームだ。このときは販売価格200万円前後の中価格帯が中心で、同じ価格水準のガソリン車とシェアを競い合い、苦境に陥ったメーカーも多かった。

2020年以降に起こっている第2次EVブームは、これと別次元の動きだ。同年1月から上海で生産され始めた米テスラの「モデル3」（補助金を考慮した実質価格は約400万円）が中国のEV市場で高級EVブームの火付け役となった。その後、バイドゥ、シャオミなど大手ＩＴ企業が相次いで高級ＥＶの生産に参入し、東風汽車集団、上海汽車集団など大手国有自動車メーカーもそれぞれ高級ＥＶの新ブランドを立ち上げている。

中国では短距離用の小型ＥＶが補助金の対象から除外されているが、ボリュームゾーン向けのＥＶは依然として、手厚い補助金がなければガソリン車に対する競争優位を確立するのが難しい状況だ。ボリュームゾーン向けを中心とした各社の参入により、25年の中国におけるＥＶ生産能力は市場需要の3倍にまで膨らみ、年間2000万台に達すると見込まれている。

一方、第2次ブームで主役となっている高級ＥＶやスポーツ用多目的車（ＳＵＶ）タイプの中大型ＥＶは、補助金に依存せず人気を集めている。こうした変化を察知したメーカーは、いち早く高級ＥＶ市場に参入している。

低価格路線に脚光

やまない熱気により、ＥＶを中心とする中国の新エネルギー車（ＮＥＶ）販売台数は２０年に１３６万台へと急速に伸び、世界全体の５割を占める規模にまで増加した。新車販売全体に占めるＮＥＶの割合は、２１年１〜８月に１１％に達した。

世界のＥＶ生産工場となりつつある中国で新たに注目されているカテゴリーが低価格ＥＶだ。米ＧＭと上海汽車、広西汽車集団の合弁・上汽通用五菱汽車が２０年７月に発売した５０万円以下の小型ＥＶ「宏光ＭＩＮＩ ＥＶ」。このモデルが２１年１〜８月の販売台数でテスラのモデル３を大きく引き離し首位となった。一般車両には手が届かず、安価で簡易な移動手段を求める消費者にとって、低価格ＥＶは新たな選択肢となることを証明したといえる。

低価格ＥＶは、長安汽車の「Ｂｅｎｎｉ」や長城汽車「ＯＲＡ」なども人気だ。とくに長城汽車は２５年に３００万台の販売計画を打ち出し、女性ユーザーの獲得に力を入れる。そのほか奇瑞汽車の「ｅＱ」なども存在感を示す。

中国政府は３５年までに新車販売の主流をＥＶにするとの目標を掲げており、公共車両のすべてをＥＶにする方針だ。トヨタ自動車やいすゞ自動車など、東南アジア市場に強い日本の自動車メーカーにとっても脅威となるだろう。

高まる新エネルギー車(NEV)の存在
―中国のNEV販売台数と割合―

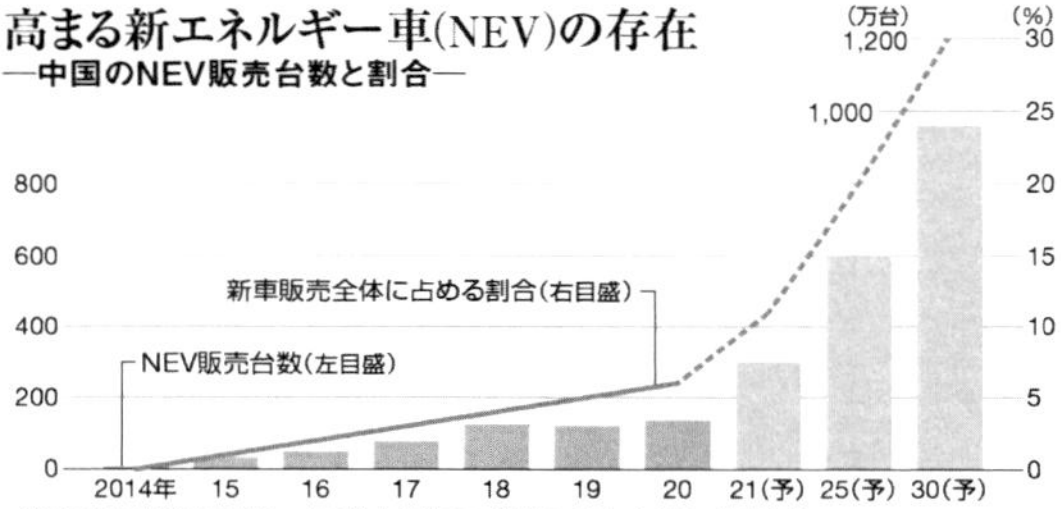

(注)2021年以降は予測値　(出所)中国汽車工業協会のデータを基に筆者作成

■低価格の「宏光MINI EV」が圧倒的な人気
―中国における新エネルギー車の販売台数ランキング―

順位	モデル	価格帯	メーカー	販売台数
1	宏光MINI EV	低価格	上汽通用五菱汽車	221,492
2	モデル3	高価格	テスラ	92,631
3	モデルY	高価格	テスラ	59,900
4	漢EV	高価格	BYD	50,707
5	理想ONE	高価格	理想汽車	48,176
6	Benni	低価格	長安汽車	45,187
7	AionS	中価格	広州汽車	43,543
8	秦PLUSDM-i	中価格	BYD	43,077
9	eQ	低価格	奇瑞汽車	42,311
10	ORA	低価格	長城汽車	41,760

(注)2021年1～8月
(出所)中国乗用車情報聯席会の発表を基に筆者作成

中国製EVの国外進出

自国市場の巨大な需要を生かして急成長した中国地場のEVメーカーは、国外での事業拡大を急いでいる。中国製NEVの輸出台数は20年に22・2万台（18年の1・5倍）、自動車輸出全体に占める割合は18年の13％から21％へと大きく増えている。とくに欧州向けの輸出台数が前年比で2・1倍増の7・4万台となった。

すでにBYD、NIO、小鵬汽車はノルウェー向けの輸出を開始し、上汽通用五菱汽車も欧州向けの輸出を目指す。とりわけ上汽通用五菱汽車は小型EVプラットフォーム「GSEV」を欧州向けに提供しており、それを採用したEVの販売台数は21年に30万台、22年には50万台に達する見込みだ。そうなれば中国初の「メガEVメーカー」が生まれる。

中国のEVメーカーは欧州だけではなく、東南アジアでの展開も視野に入れる。20年2月にGMタイ工場の買収を発表した長城汽車は、24年までに計9モデルのEVを投入し、タイを含めた東南アジア市場での販売拡大を狙う。広域経済圏構想「一帯一路」や東アジア地域包括的経済連携（ＲＣＥＰ）の推進に伴い、東南アジアでは今後も中国自動車メーカーの投資の拡大が見込まれる。

ＥＶ需要の増加は、拡張し続ける中国の電池メーカーの成長も支えている。車載電池最大手のＣＡＴＬは１９年に独テューリンゲン州に初の国外工場を建設し、長城汽車系の蜂巣能源科技（Ｓボルト）が独ザールラント州で建設中の新工場は２２年の稼働を目指す。独ＶＷが出資した国軒高科、独ダイムラーが出資したファラシスも欧州で電池工場の建設を行っている。

中国発という点では、テスラは上海工場から欧州やアジア太平洋地域への自動車輸出に取り組んでおり、２１年１～８月の輸出台数は約１０万台、通年で２０万台に達する見込みだ。上海工場が世界的な輸出拠点になれば、メイド・イン・チャイナのＥＶは先進国市場にも浸透していくだろう。

今後中国製ＥＶの低価格化が契機となり、業界全体のコスト低減が促される一方、大量生産に伴って部材の値下げも併せて進む可能性が大きい。巨大な生産能力を持つ中国のＥＶメーカーや電池メーカーが引き起こす新たな需要がグローバル自動車メーカーに波及すれば、世界の自動車電動化は一気に加速することになるだろう。

（本稿は個人的な見解です）

湯　進（たん・じん）

2008年みずほ銀行入行。中国自動車産業の情報を継続的に発信。上海工程技術大学客員教授。近著に『中国のCASE革命　2035年のモビリティ未来図』（日本経済新聞出版）。

鴻海が狙う「水平分業」革命

２０２５年から２７年までの間に、電気自動車（ＥＶ）の販売で世界シェアの１０％を握る。スマートフォンなど電子機器の受託製造サービス（ＥＭＳ）の世界最大手、台湾・鴻海精密工業の劉揚偉（リュウ ヤン ウェイ）董事長が２０年１０月に掲げた目標は自動車業界の話題になった。

期待をかけるのが、鴻海が翌１１月に発表したＥＶ向けプラットフォーム「ＭＩＨ」だ。ＭＩＨは世界の企業に参加を募っており、２１年９月時点の参加社は世界５６の国と地域の約１９００社に上る。

独自動車部品大手のコンチネンタル、車載電池で世界トップの中国ＣＡＴＬのようなＥＶ開発のキープレーヤーのみならず、米マイクロソフトや米デルなどの大手ＩＴ

企業も含まれている。

日本からも、自動車部品のブリヂストンやデンソー、モーター大手の日本電産、通信大手のＮＴＴ、電子部品の京セラなど、さまざまな業種から６０社以上がリストに名を連ねている。

日本電産、ルネサス、村田も参加
—MIHに参加する主な企業—

● 日系メーカー

- ブリヂストン
- デンソー
- 大日本印刷
- シャープ
- 京セラ
- ミネベアミツミ
- 三菱ケミカル
- 三菱電機
- 三菱商事
- 日本電産
  - ➡鴻海と合弁会社の設立を検討
- JX金属
- NTT
- ルネサスエレクトロニクス
- ローム
- NOK
- 村田製作所
- TDK
- オムロン
- 日東電工
- アルプスアルパイン

海外メーカー

- コンチネンタル(独)
- シスコシステムズ(米)
- デル(米)
- ガーミン(米)
- レノボ(中)
- マイクロソフト(米)
- オラクル(米)
- CATL(中)
- シーメンス(独)
- サムスングループ(韓)

アライアンス参加企業
約1900社
うち、日本企業
60社以上
(9月時点)

(注)現地法人・グループ企業名義での参加を含む
(出所)MIHホームページを基に本誌作成

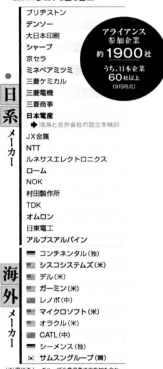

異業種の参入に商機

ＭＩＨの枠組みを活用して鴻海が狙うのは、ＥＶの開発・製造に必要な車台やソフトウェアなどのプラットフォームを供給し、完成車の受託製造を担う「水平分業型」のビジネスモデルだ。

ソフトウェアや部品メーカーの技術力をここに結集。そのうえで、ＭＩＨの車台規格をオープンにし、ＥＶ受託製造の顧客を増やす算段だ。この戦略は、米グーグルがスマホＯＳ（基本ソフト）の「アンドロイド」をオープン化して一気にシェアを拡大したやり方と類似している。

劉董事長は台湾のテレビインタビューで「パソコンで最終的に儲けたのはプラットフォームをつくったウィンテル（マイクロソフトとインテル）。スマホの時代に儲かったのはアップルとグーグルだ」とし、「ＥＶもその方向に行かなければいけない」と意気込む。

このビジネスモデルは、自動車の産業構造を根幹から変えるきっかけになる可能性がある。従来の自動車メーカーは、開発から製造、販売網の構築まで一貫して手がける「垂直統合型」を得意としてきた。一方で鴻海のビジネスが意味を持つのは、グーグルやアップルといった米国の大手ＩＴ企業をはじめ、異業種がＥＶへの参入をもくろんでいるからだ。

注目が集まるのが、アップルとの関係だ。かねてアップルは自動運転の開発プロジェクトを進めており、２１年１月には韓国・現代自動車と車体の生産委託で交渉しているとも報じられたが、現代は報道を否定している。その点、鴻海は長年ｉＰｈｏｎｅの生産を受託してきただけに「アップルカー」の製造を担う最有力候補との見方が強い。劉董事長は表向き「噂にすぎない」と一蹴するが、実際は鴻海自身もアップルカーを受託することに前向きだとされる。

アップルのように車両開発や製造のノウハウがない企業のＥＶ参入の要請に応えることによるチャンスは大きい。

既存の自動車メーカーのＥＶ移行も支援する。鴻海はこの１年で、自動車メーカーと次々に協業関係を結んでいる。欧ステランティスと車載情報システムを開発・生産する合弁会社を設立することを発表したほか、米EVメーカーのフィスカーとはEVを共同開発し、23年から年間25万台規模で量産する契約を締結した。

EV工場の建設についても具体的な計画が見えてきた。7月には、米ウィスコンシン州での工場建設を協議していることを発表。8月の会見では「欧州のパートナー企業とも協議中」(劉董事長)と欧州にも工場を置くことを示唆した。

9月14日には、タイ石油公社とタイにEV工場を設ける合弁契約の調印式を行ったと発表した。最大20億ドル(約2200億円)を投じて設立されるタイ工場は、経済特区「東部経済回廊(EEC)」に立地。周囲には自動車関連企業の工場が集積しており、MIHに弾みがつく可能性もある。EV生産のグローバル展開に向け、着実に布石を打っている。

とはいえ、鴻海も自動車の量産を手がけたことはなく、実力は未知数だ。劉董事長も「(自動車の製造に長けた)人材の厚さや電池の技術では課題がある」と認める。

武器はコスト低減力

鴻海が存在感を示す方法はどこにあるのか。カギはこれまでEMSで培ってきた、コスト低減力にある。劉董事長は、MIHを活用することで自動車メーカーが「新車種の開発期間を大幅に短縮でき、研究開発費も抑えられる」とアピールする。

EVを一から開発するには、一般的にガソリン車の倍のコストがかかる。その分を売価に上乗せするのは現実的ではなく、自動車メーカーの間では車両を複数社で共同開発する動きも広がっている。

その点、MIHに集まったEV関連の部品やシステムの専業メーカーに必要な技術や製品を提供してもらったほうが効率的だ。鴻海のある幹部は「既存の自動車メーカーは鴻海を頼れば（EVの開発・製造コストを）5～7割に抑えられる。そうなれば、おのずと製造委託は広がるはず」と見通す。

鴻海のEV事業成功のカギを握るのがMIHだ。日本企業の中でも、重要な役割を期待されている1社が自動運転用OSを手がけるティアフォーだ。創業者でもある加藤真平CTO（最高技術責任者）は、20年1月に鴻海の劉董事長に台湾の本社へ招かれ、自動運転用OSについて説明した。MIHが正式に発表される前の20年9月から参画し、ソフトウェアの開発を議論するワーキンググループの座長を務めた。

モーター大手の日本電産も、強化中のEV向け駆動モーターで手を組む。MIHに参加するのみならず、7月には鴻海グループとEV向け駆動モーターの開発・生産を担う合弁会社の設立に向け検討に入ったと発表した。

「下請けの組み立て屋が自動車を造れるわけがない」。ある鴻海幹部は過去に日本の自動車部品メーカーに協力を持ちかけた際、そんな言葉を投げかけられた。

ただ、同幹部は「日本が（自動車強国として）〝上から目線〟を続けられるのも今のうちだ。一度量産し出すと台湾のほうが強い」と自信を見せる。勃興するEVの受託生産企業を格下の下請けとみるのか、協業相手とみるのか。鴻海の挑戦は伝統的な日本の自動車産業を岐路に立たせている。

（劉　彦甫）

日本電産が狙うEV時代のゲームチェンジャー

ＥＶ化による自動車産業のパラダイムチェンジは、サプライヤーにも変革を求めている。従来のように完成車メーカーに従うだけでなく、自ら戦略的に展開する必要が出てきたからだ。

この変革への動きを追い風に商機を狙うのが、日本電産だ。日本電産が注力するＥＶ向け駆動モーターシステム（ｅアクスル）はＥＶの基幹部品であり、独ボッシュや独コンチネンタルといった大手車載部品メーカーなども手がけている。２０１９年時点で５万台だった世界市場は、３５年に１４６７万台になると予想される。

■欧州、中国を中心に
市場急拡大が見込まれる
—eアクスルの世界市場の見通し—

約300倍

市場	2019年見込み	2035年予測
世界市場	5万台	1467万台
うち中国	4万台	613万台
うち欧州	わずか	679万台

(出所)富士経済の2020年5月の調査を基に本誌作成

Nidec
All for dreams

日本電産が手がける
EV向け駆動モーター。
EVの基幹部品だ

EV用モーターで世界覇権狙う

日産自動車から日本電産に移籍した関潤社長CEOは「EVはこれからコストリダクション合戦になり、25年以降は自動車メーカーが自分たちで造るのを諦め始める。25年を分水嶺に、EVの値段のほうが確実にハイブリッド車より下がる」と見通す。

同社のeアクスルはすでに、広州汽車集団や吉利汽車など中国の自動車企業のEVに採用された。日本でもEV販売会社・ASFが開発した配送用EVに採用されることが7月に発表されている。

日本電産は4月、セルビアにEVモーターの新工場を設立すると発表。自動車への環境規制が厳しくEV拡大が進む欧州市場を狙う。

モーターのみならず、ステアリングシステムやカメラモジュールなどの部品を載せたEV向けのプラットホーム（車台）の自社開発にも乗り出す。「ディスラプター（創造的破壊者）としてEV時代を牽引」するとうたっており、EV時代の新たなサプライヤーとしてのあり方を模索する。

日本電産がEVプラットフォームに参画し、合弁会社の設立も検討している鴻海精密工業の幹部は、「日本電産は強力なビジネスパートナーになってくれるはずだ」と期待を寄せる。

一方で関氏は「スタンダーダイズされた大量生産の安いＥＶが究極の姿。そうなると、ジョイントベンチャーにこだわらず、市販されているものを買ってきて、車を造っていくという形が、２５年以降の主流になる」と語る。新興勢による攻勢は、今後さらに本格化していくはずだ。

ファーウェイ製「車載OS」の衝撃

スマートフォンの世界販売台数4位の中国ファーウェイも、自動車への参入を虎視眈々と狙う。2021年9月にドイツで開かれた国際モーターショーに出展し、自動運転システムや、運転席に情報を表示するヘッドアップディスプレーを披露した。

ファーウェイが参入する領域は実に幅広い。車のシステム全体を制御する基本ソフト（OS）や、車の「目」となるLiDAR（レーザーによる測距センサー）、インターネット接続、高精度地図など。そのいずれもが、スマホや基地局などこれまで培ってきたICT（情報通信技術）に関わるものだ。車載部門トップの王軍氏は「われわれが自動車業界に参入するというよりも、自動車業界がICT領域に入ってきた」と話す。

中でも特徴的なのは、自動運転やスマートコックピット、車両制御といった多くのシステムを統合制御する車載OSだ。開発に多大なリソースが必要で、それが可能なのは世界でも数社に限られる。調査会社アーサー・ディ・リトル・ジャパンの岡田雅司マネジャーは「中国バイドゥやグーグル系の米ウェイモでも車両制御までは踏み込めていない。明らかに競合と比べて先を行っている」と解説する。

2021年4月の上海モーターショーでは、ファーウェイが開発した自動運転プラットフォームを搭載した電気自動車（EV）がお披露目され、会場の話題をさらった。北京汽車集団の子会社が発表したEVセダンには「HI（Huawei Inside）」の赤いロゴがあしらわれた。まるでPCに貼られた米インテルのマークを彷彿とさせる。

このロゴを付けられるのは、ファーウェイ製品がフルセットで装備された、まさに「ファーウェイカー」と呼ぶにふさわしい自動車だ。中国国内でのファーウェイのブランド力は抜群で、「HI」のロゴは先進技術の代名詞という役割を果たす。

自社で車は造らず

現時点で「HI」を掲げる自動車メーカーは北京汽車集団を含め3社だけだが、その数は今後増える見込みだ。ファーウェイ自身が車を開発する予定はなく、

2018年の経営会議で「自動車会社がよい車を造るのを手伝う」という方針を掲げて以来、プラットフォームの提供に徹してきた。

それを支えるのが、圧倒的な技術開発力である。12年に車載分野の研究を始めて以来、体制を拡充してきた。21年現在、自動運転関連だけで2000~3000人の従業員が研究に当たっており、毎年10億ドル以上の開発投資を行っているという。中国だけでなく、日本やドイツ、イタリアにある研究開発拠点にも車載技術を研究する技術者を配置し、現地の自動車産業の知見を取り入れている。

かつて、情報産業分野でファーウェイは先端技術への惜しまぬ投資で地歩を固めた。それと同じ道を目指しているといえる。

ネックなのは米中関係だ。半導体規制の影響でスマホでは大幅な後退を余儀なくされたが、車載向けでも同じシナリオをたどる可能性はある。加えて、中国以外の自動車メーカーがファーウェイ製品を採用するハードルも高い。ファーウェイの徐直軍・輪番会長は「中国には年間3000万台の自動車需要がある。毎年1台当たり1万元(約17万円)の収益が得られれば十分」と話すものの、中国だけの技術にとどまるか、それとも世界標準に飛躍するか。動向が注目される。

(高橋玲央)

中国、欧州の新興勢が急成長

EVシフトの生命線　電池国策支援バトル

北緯64度。1年の半分は降雪が続くスウェーデンの都市で、欧州メーカー初の本格的な車載用電池工場が、2021年末の稼働に向けた準備に追われている。

工場を運営するのは、同国に本社を置く電池メーカー、ノースボルトだ。米テスラの元幹部が2016年に創設。まだ量産実績がないにもかかわらず、欧州投資銀行や独フォルクスワーゲン（VW）、BMWなどから計約65億ドル（約7100億円）を調達している。

新工場の電池生産能力は年間60ギガワット時で、米国にあるテスラの電池工場「ギガファクトリー」1カ所の約1・5倍に相当する。さらに30年までに追加で2カ所の自社工場を新設する計画だ。

特徴は「エコな電池」を造れる点にある。スウェーデンは水力発電の構成比が高く生産時のCO2（二酸化炭素）排出量が抑えられるうえ、電池の原材料や生産設備にも再利用可能なものを使う。工場には電池のリサイクル施設を併設する。技術開発や工場立ち上げのため、パナソニックや日産自動車、GSユアサなどで働いた十数名の日本人技術者も働いている。

急速な成長を遂げる裏には、EU（欧州連合）による強力な支援がある。国家を挙げてEVシフトを進めるには、電池の安定調達が欠かせない。ただ、電池の出荷シェアは9割以上を中・韓・日のメーカーが占める。アジア依存に危機感を抱くEUは、17年に12カ国の政府が42の電池関連企業を支援する「バッテリーアライアンス」を設立。8000億円規模の補助金をつけ、域内での生産・開発を支援している。その中核企業がノースボルトなのだ。

大規模な資金調達や国による支援は、価格競争力に表れている。リチウムイオン電池の平均価格はプレーヤーの増加や生産技術の改善などに伴いこの5年で半減し、20年時点では1キロワット時100ドル前後まで下がった。ノースボルトはさらなる値下げに意欲的で、「セル当たり60ドルをベンチマークにしている。日本勢は簡単に追いつけないだろう」（同社幹部）と自信を見せる。

ＥＵでは27年から、製造・廃棄時に一定以上のCO2を排出した電池を域内で販売しにくくする規制を設ける見通し。ノースボルトはこの保護策を追い風にして、CO2の排出量に課題がある寧徳時代新能源科技（ＣＡＴＬ）やパナソニックなどアジア勢との差別化を図る考えだ。

■ **かつてシェア首位のパナは3位に陥落**

—車載用電池のメーカー別出荷シェア（2020年の予測値）—

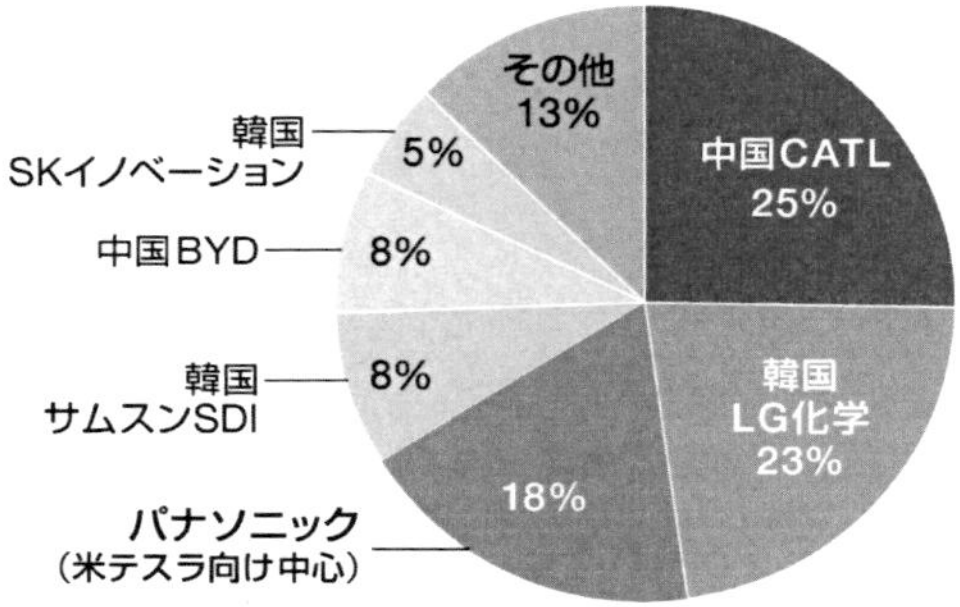

（出所）テクノ・システム・リサーチの調査を基に本誌作成

■ **価格は5年で半額以下に**

—リチウムイオン電池の平均価格推移—

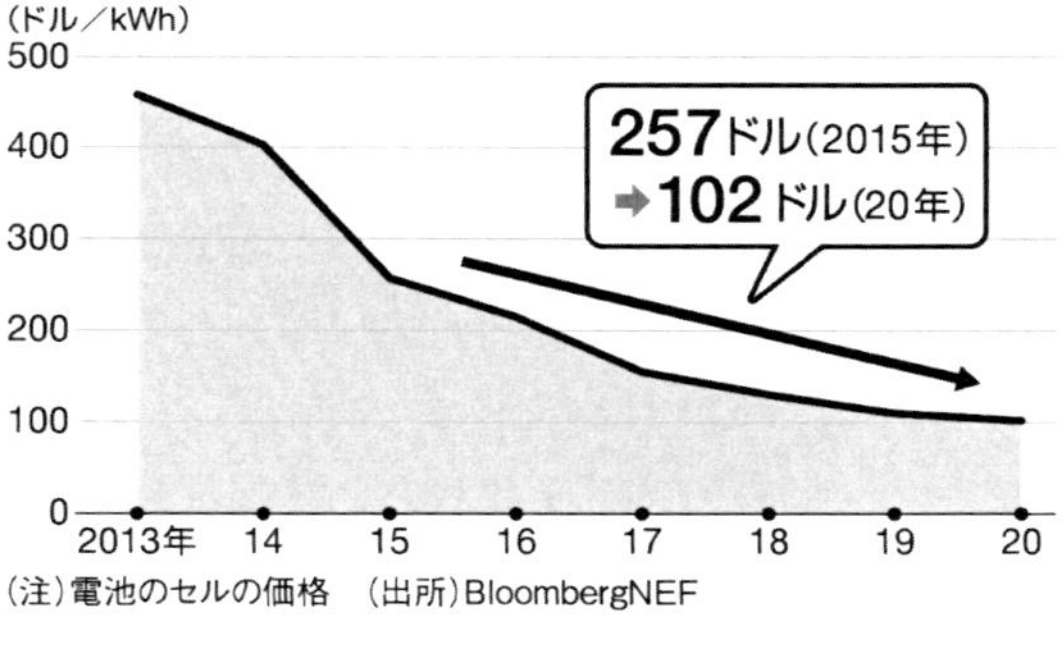

（注）電池のセルの価格　（出所）BloombergNEF

VWがほれた中国企業

中国勢も躍進する。21年7月、VWが電池の共同開発を発表したのが、中国・合肥市に本社を置く国軒高科だ。地元政府などの支援もあり国内外に12の工場を持つ。CATLや比亜迪（BYD）に続く中国国内シェア3位の中堅電池メーカーで、中国で大ヒット中の小型EV「宏光MINI」などに採用されている。VWからは20年6月に11億ユーロ（約1400億円）の出資を受け、25年からドイツの工場で共同生産を始める計画だ。

国軒の電池は大手電池メーカーで主流の「三元系」とは異なり、希少なコバルトを使わない「リン酸鉄系」を主に扱う。リン酸鉄系は価格が三元系に比べ約3分の1のものもあり、航続距離が短い日常使いの量産車に向いている。「足元では原料であるレアメタルの価格が高騰しているが、リン酸鉄系はその影響を受けにくい」（三菱UFJリサーチ&コンサルティングの清水孝太郎・上席主任研究員）とされる。CATLも一部でリン酸鉄系を手がけており、テスラの上海工場で採用された。

各国のメーカーがそれぞれの強みを打ち出し攻勢をかける中、いま一つ方向性を示せていないのが日本だ。「高品質で安全性が高い点が大きな強みだが、海外顧客に優位性を伝え切れていない」（電池に詳しい名古屋大学の佐藤登・客員教授）。パナソニックはテスラの要求を受け低コストの新型電池を開発、テスラのドイツ拠点に向けた欧州工場の新設を検討している。ただテスラの指示に従って動いているだけにも見え、パナ独自の主体的な戦略は見えてこない。

そもそも、中国や欧米がＥＶ時代を見据え電池産業を戦略的に支援する一方、日本政府は何に重点を置いた支援をするかすら決めかねている。経済産業省・電池産業室の武尾伸隆室長は、「国として電池の技術開発や生産拠点設立の支援を行い、生産コストを下げ、海外と戦えるようにしていく必要がある」と語る。

ＥＶの最重要パーツである電池産業の未来は、官民一体の取り組みに懸かっている。

（印南志帆）

「安くて燃えない電池で攻める」

国軒高科　グローバル本社　エグゼクティブVP・程　騫

２００６年の設立以来、電動路線バスなど中国現地のＥＶ向けを中心に電池を供給してきた。最近は海外ビジネスを拡大している。１９年にインドのタタ自動車と合弁会社を設立し、２０年には独フォルクスワーゲンから出資を受けた。

足元ではさらに欧州や米国などの複数の自動車メーカーから声がかかっている。２１年７月には独部品会社大手・ボッシュがドイツに持つ工場を買収しており、これを電池工場に改装する計画だ。

日本の自動車メーカーとはほぼすべてと接触したが、まだ（電動化の）方向性に迷っている印象がある。ハイブリッド車という誇れる技術があるからだろうが、あまりスピード感を感じられない。今は電池のサンプルを渡して検証してもらっている状況だ。われわれが出荷する電池の7割以上が「リン酸鉄系」と呼ばれるもの。世界で主流の三元系より価格が安いだけでなく、電池が熱膨張しにくく延焼のリスクが低いため、安全面で優れている。一部のハイエンドEVを除き、リン酸鉄系は強みを発揮できる。

当社はリン酸鉄系電池の世界最大の生産者であるだけでなく、単位重量当たりのエネルギー量が最も高い電池を造ることに成功している。

中国では15年から電池事業に補助金がつき、100社以上の電池メーカーが誕生したが、多くが倒産し、残っているのは20社程度。技術や資金がないところは、今後さらに淘汰されるだろう。

程　騫（チェン・チェン）

2012年筑波大学大学院で博士号。同年NECで電池開発に携わる。17年に米アップルに入社し、次世代製品の開発などを担当。19年に国軒日本の研究所長、取締役。20年から現職。

大手メーカーの出資先でも玉石混淆

沸騰するCASEベンチャー

CASE時代の寵児が大型上場へ――。21年8月末、ピックアップトラックEV（電気自動車）の新興企業リビアンが、米証券取引委員会（SEC）に新規株式公開（IPO）の書類を提出したことが明らかになった。

アマゾンやフォード・モーター、機関投資家など名だたる大手からこれまで集めた資金は105億ドル（約1・15兆円）。直前の7月に約2750億円の資金調達も行っていた。5月末時点の直近調達額を見ても、リビアンは自動車・モビリティ関連のベンチャーの中で抜きんでている。

同社が評価されているのは、実用的かつオフロード走行が可能なピックアップトラックEVで先んじて商用化を進めているからだ。この分野は自動車産業の中でも利益率が高いとされている。

9月中旬には、「R1T」という商品の量産第1号車を工場から出荷。同じEVで先駆者のテスラは、スポーツセダンの分野で一躍トッププレーヤーに躍り出たが、ピックアップトラックはまだ量産が始まっていない。ゼネラル・モーターズ（GM）の「GMCハマー」やフォードの「F－150」もEVの市場投入が実現していない中、開発スピードではリビアンが一歩リードしている。

世界最大手のEC企業、アマゾンが後ろ盾についているというのも大きい。アマゾンは輸送時のCO2排出削減に取り組んでおり、2040年までのCO2ネット排出量ゼロ達成に向け、EVの積極的な導入を掲げている。その一環でリビアンには累計1100億円以上を投資し、すでに10万台のデリバリーバンEVを発注した。

アマゾン仕様のEVは、21年2月に米ロサンゼルスでの走行が始まった。早ければ22年に1万台、30年までには10万台すべての車両が走り出す。それによって、アマゾンは数百万トンのCO2を削減できるとしている。

創業者が詐欺で起訴

こうした期待に応えIPOが順調にいけば、リビアンの想定時価総額は出資社のフォードをも上回る7・7兆円に達するとされる。市場関係者の間では、IPO後に早くもテスラのような株価上昇を期待する声も上がっている。

一方で、IPO後に早くも市場の信頼を失った企業もある。

セミトラックEV・FCV（燃料電池車）を開発するニコラは20年9月、カラ売り投資家のヒンデンブルグ・リサーチから「うそが重ねられた巧妙な詐欺行為がある」との指摘を受け、株価が急落した。セミトラックが道路を高速走行する様子を撮影したビデオは実際のところ、ニコラがトラックを人里離れた丘の上まで牽引し、その丘の道路を重力で下っていただけというリポートだった。

これに対しニコラは「欲に駆られたアクティビストによる誤解を招く情報であり、乱暴な言いがかりだ」と反論。証拠書類とともにSECに調査を求めると発表した。

ニコラは直前にGMから11％（約2200億円）の出資を受けていた。GMが取締役を派遣し、共同で新世代のFCV電池の開発に取り組むなどの発表を行い、株価が急騰した後だった。カラ売りの絶好のタイミングだったことは事実で、ヒンデンブルグ・リサーチは一連の経緯により、巨額の利益を稼いだと報じられている。

しかしその後、ニコラはビデオの内容が虚偽だったことを一部認め、創業者兼会長のトレバー・ミルトン氏は辞任した。ミルトン氏は21年7月、「技術力を誇大に宣伝して投資家を欺いた疑いがある」として、米司法省から詐欺罪で起訴された。SECもミルトン氏を民事提訴している。

SPAC上場への疑念

ニコラがIPOを行ったのは20年6月。未公開企業を買収することのみを目的として設立された特別買収目的会社（SPAC）を通じたものだった。SPACは自身の事業を持たず、IPO後に未公開企業と合併し、買収先が存続会社となる。そのため「空箱上場」ともいわれている。

ＳＰＡＣ上場は米国で急速に増えており、ＣＡＳＥ関連のベンチャーも２０～２１年は突如案件が増えた。内訳はニコラなどＥＶ関連が多いが、東南アジアの配車大手グラブも年内にＳＰＡＣでＩＰＯを行うと発表している。

ただＳＰＡＣについては安易な裏口上場との批判もあり、ニコラのように情報開示に問題がある会社が生まれる可能性もある。２０年１０月にＳＰＡＣで上場したピックアップトラックＥＶのローズタウン・モーターズは、受注台数の水増し疑惑を受けＣＥＯとＣＦＯが辞任した。ニコラと同じくヒンデンブルグ・リサーチによる指摘を受けたものだった。ローズタウン・モーターズは２１年６月、継続企業の前提に疑義が生じている。

■ SPAC上場が急激に増加

—自動車・モビリティ関連のSPACによる上場企業数—

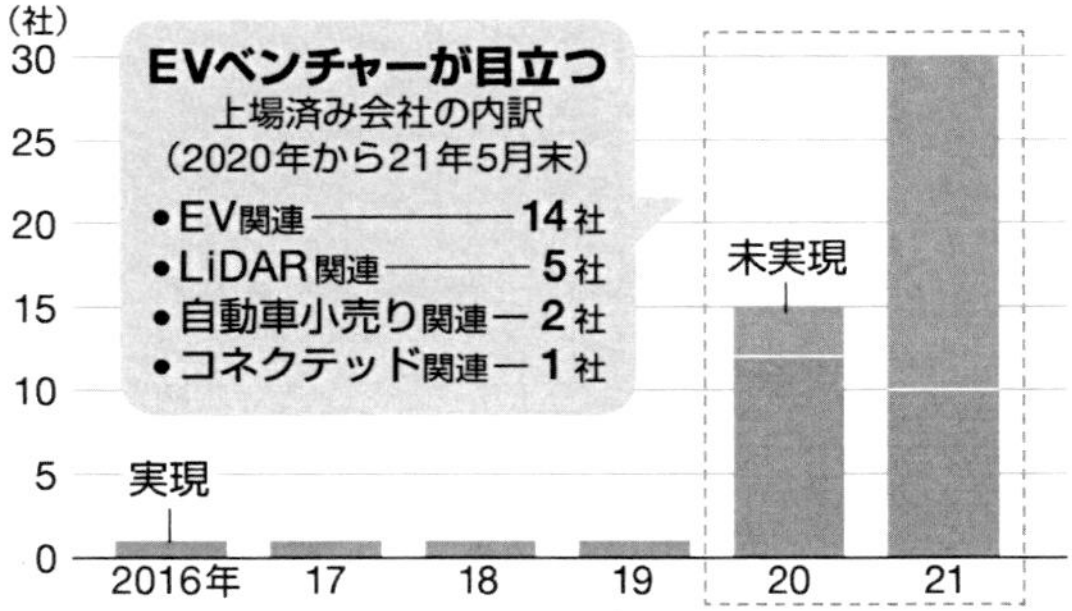

(注)発表ベース。2021年は5月末まで　(出所)CB Insights

調達額も大規模化

—自動車・モビリティ関連における未上場企業の調達額ランキング(2021年)—

順位	会社名		事業内容	調達時期と調達額	累計調達額	主な投資家
1	RIVIAN	リビアン	ピックアップトラックEV	1月 26.5億ドル	87.01億ドル	フィデリティ・インベストメンツ、アマゾンなど
2	cruise	クルーズ	自動運転支援	1月 20億ドル	55.69億ドル	ホンダ、ウォルマート、マイクロソフト、GMなど
3				4月 7.5億ドル		
4	LEAPMOTOR	リープモーター	スポーツカーEVおよび自動車部品	1月 6.63億ドル	10.64億ドル	メンロ・ベンチャーズ、スパーク・キャピタルなど
5	Qingju Bike Didi Bike	チンジュ・バイク	シェアリングバイク	2月 6億ドル	20億ドル	ソフトバンクグループ、滴滴出行(ディディ)など

(注)2021年5月末時点　(出所)CB Insights

新興企業への懐疑的見方については、冒頭のリビアンも例外ではないだろう。ＣＡＳＥ関連を含めたベンチャーはカネ余りを追い風にした多額の資金調達で、会社の評価にげたを履かせていることが少なくない。出資する側の大企業や個人投資家も見極めが必要だ。

そのうえで「ＳＰＡＣを使わずに上場した中国の自動運転トラック開発トゥーシンプルが物流向けに集中するように、強みがわかりやすい企業もある」（データ活用を支援するスマートドライブの北川烈ＣＥＯ）という。「『いかに車をスマホのように身近な存在にできるか』というのが自動車メーカーにとっての課題。例えば車載向けで生体認証や行動解析のベンチャーと組む意義は大きい」と、国内大手ＶＣ・グローバル・ブレインの西田大介氏は語る。

腰を据えた有望ベンチャーとの連携は、日本勢にとっても未来を開く一歩となる。

（二階堂遼馬）

〔エピローグ〕

自動車立国・日本生き残る3条件

①自動車業界「脱炭素」のメインは、やはりEVを選択すべきだ
②EVを急速充電する際の負荷分散と電源の脱炭素化に対応
③「V2G」で再エネ導入を拡大し、電源の脱炭素化を後押しせよ

電気自動車（EV）が脱炭素のための最善策と覚悟を決めつつある欧米勢に対し、さまざまな選択肢を重視するのが日本勢、さらにいえばトヨタ自動車だ。相対的にEVに慎重である。

確かにEVはまだ課題が多い。同じような商品性のガソリン車やハイブリッド車（HV）に比べると価格は高く、航続距離や充電時間、充電インフラにも不便がある。

電池の安全性にも懸念が残るし、使用する電力の発電方法次第ではCO2ゼロではない。電源構成の約7割を火力発電に依存する日本のような地域なら、EVよりもHVのほうが当面はCO2削減効果を得られる可能性が高い。

しかし、それはあくまでも現時点の話。EVの性能とコスト、安全性は着実に進化している。他方、地方ではガソリンスタンド不足が顕在化。自動車の電動化が進めばスタンド経営の厳しさは増す。自宅で充電できるEVが利便性で逆転する日も近づいていく。

電源構成の変化には時間がかかるが、2050年のカーボンニュートラルを目指す以上、電源の低・脱炭素化も進めていかなければならない。低炭素な電源が増えるにつれて、EVの優位性は高まっていく。

「国内の乗用車が全部EVだった場合、夏の電力使用のピーク時に電力不足になる。解消には発電能力を10~15%増強しないといけない。これは原子力発電で10基、火力発電なら20基必要な規模だ」。20年12月、日本自動車工業会の懇談会で豊田章男会長(トヨタ社長)はこのように語った。実際、日本の保有乗用車約6200万台がすべてＥＶになった場合、新たに必要になる電力は、現在の年間総発電力の１割強となる。

ただし、ＥＶの電費が改善すれば必要な電力量も減っていく。トヨタ自身、９月の電池説明会で３０年までに３０％の電費改善を打ち出している。さらに「今すぐ国内販売をＥＶだけにしても、日本全体の乗用車をすべてＥＶにするには１５年かかる。この間に発電能力を増強し、かつ再生可能エネルギーを中心とした脱炭素電源に切り替えていけばいい」（電力システムを研究する櫻井啓一郎氏）との指摘もある。

電力の総量の問題をクリアしたとしても、充電の問題は残る。ＥＶが普及すると充電ステーションでの充電待ちが社会問題化しかねない。加えて、無視できないのが急速充電による電力網への負荷だ。特定エリアで数十台ものＥＶが同時に急速充電をすると停電が起きるリスクがある。それを防ごうと思えば、膨大なコストをかけて電力インフラを整備しないといけない。

ＥＶを電力系統に統合

「EVの充電が集中する問題は十分に対応可能だ」と京都大大学院特任教授の安田陽氏は解説する。「世界ではEVと電力システム間で電力をやりとりするV2G（ビークル・トゥ・グリッド）が20年以上も前から議論されている。さらにIoTを駆使して電力需給の変動を柔軟にバランスさせる解決方法が出てきている。日本はそのような国際的な潮流に遅れてしまっている」（安田氏）。

V2Gの重要性は、充電需要をコントロールすることでEVの普及を促すだけにとどまらない。EVが電力システムに統合されることで、再エネ電力の拡大に道を開くカギになるからだ。

日本は30年度に温室効果ガスを13年度比で46%削減する目標を打ち出している。7月に発表した「エネルギー基本計画（素案）」では電源構成に占める再エネの比率を18年度の18%から30年度に36〜38%に引き上げるとした。原子力の利用増が難しい日本で、50年のカーボンニュートラルを実現するには再エネのさらなる拡大が必要だ。これは自動車がEV以外の道を歩んだとしても、である。

そのためには太陽光や風力といった再エネの最大の欠点である発電の不安定性を解

決しないといけない。発電の変動を〝ならす〟には電力網に蓄電機能が必要になるが、専用の蓄電池はコスト負担が重すぎる。

この蓄電機能をEV（燃料電池車〈FCV〉やプラグインHVも）に担わせる――。これがV2Gの重要な役割になる。

つまり、EVを増やせば、再エネ導入も増やせる。結果、EVの実質的なCO2排出量も下がっていく好循環が期待できる。

今や原材料や部品の調達から製造、廃棄までのライフサイクルで評価（LCA）したCO2の削減が求められている。火力発電中心の電力で製造した自動車は日本から輸出できない事態が起こりうる。そうした事態を避けるにも再エネ増強を急がなければならない。

もっともV2GでEVが電力系統に組み込まれれば、好きなときにドライブに行けなくなるユーザーが反発するかもしれない。だが、それをできない理由にするのではなく、料金の優遇やカーシェアとの連携など、ユーザーが協力したくなる仕組みづくりをしていくことが重要だ。ユーザーのEVの利用や、電力消費のデータも扱うV2Gは新たなビジネスチャンスにもなる。

もちろん、ＦＣＶや水素エンジン車、水素とＣＯ２を合成した「ｅ－ｆｕｅｌ（燃料）」の実用化の可能性もなくはない。ただ、製造過程でＣＯ２を出さないグリーン水素やｅ燃料を安価かつ大量に調達できるのか。水素の場合、水素ステーションを含む流通網の構築が経済的に成り立つか、現状ではまったく見通せない。

困難だからと「選択肢」を捨てていいわけではない。走行ルートが限定される商用車などで、ＦＣＶや水素エンジン車への期待はある。とはいえ、自動車のカーボンニュートラルの本命がＥＶという現実は変わりそうにない。

自動車産業は日本経済を支える４番バッターである。その自動車産業にとってＥＶ化が打撃となるのは事実だが、世界で加速するＥＶ競争に後れを取れば致命傷になる。幸い、磨いてきたＨＶ技術の大部分はＥＶでも強みとなる。ＥＶ懐疑論を唱えるよりは、魅力的なＥＶの開発・投入や電池の調達・生産体制の整備を急いだほうが賢明ではないか。

（山田雄大）

【週刊東洋経済】

本書は、東洋経済新報社『週刊東洋経済』2021年10月9日号より抜粋、加筆修正のうえ制作しています。この記事が完全収録された底本をはじめ、雑誌バックナンバーは小社ホームページからもお求めいただけます。

小社では、『週刊東洋経済eビジネス新書』シリーズをはじめ、このほかにも多数の電子書籍ラインナップをそろえております。ぜひストアにて「東洋経済」で検索してみてください。

『週刊東洋経済eビジネス新書』シリーズ

No.369　製薬　大リストラ
No.370　リスクシナリオ　2021
No.371　富裕層マル秘マネー学
No.372　コロナ時代の新住宅事情
No.373　日立・三菱重工の岐路

No.374　脱炭素サバイバル
No.375　郵政崩壊
No.376　脱・ストレスの処方箋
No.377　働き方と経営の法律
No.378　コロナ倒産危機
No.379　車載半導体　争奪戦
No.380　マルクス vs. ケインズ
No.381　医療テック最前線
No.382　漂流する東芝
No.383　不動産投資　光と影
No.384　コンサル全解明
No.385　大転換の商社ビジネス
No.386　会社とジェンダー
No.387　全解明　経済安全保障

No.388 ソニー 掛け算の経営
No.389 2050年の中国〔前編〕
No.390 2050年の中国〔後編〕
No.391 相続の新常識
No.392 無敵の文章術
No.393 物流 頂上決戦
No.394 すごいベンチャー2021〔前編〕
No.395 すごいベンチャー2021〔後編〕
No.396 米国株 超入門
No.397 ビジネスと人権
No.398 無敵の話し方

週刊東洋経済eビジネス新書　No.399
EV 産業革命

【本誌（底本）】
編集局　印南志帆、木皮透庸、二階堂遼馬
デザイン　池田　梢、小林由依、藤本麻衣
進行管理　下村　恵
発行日　2021年10月9日

【電子版】
編集制作　塚田由紀夫、長谷川　隆
デザイン　大村善久
表紙写真　風間仁一郎
制作協力　丸井工文社

発行日　２０２２年８月２５日　Ver.1
発行所　〒１０３‐８３４５
東京都中央区日本橋本石町１‐２‐１
東洋経済新報社
電話　東洋経済カスタマーセンター
０３（６３８６）１０４０
https://toyokeizai.net/
発行人　駒橋憲一

電子書籍化に際しては、仕様上の都合などにより適宜編集を加えています。登場人物に関する情報、価格、為替レートなどは、特に記載のない限り底本編集当時のものです。一部の漢字を簡易慣用字体やかなで表記している場合があります。本書は縦書きでレイアウトしています。ご覧になる機種により表示に差が生じることがあります。

本書に掲載している記事、写真、図表、データ等は、著作権法や不正競争防止法をはじめとする各種法律で保護されています。当社の許諾を得ることなく、本誌の全部または一部を、複製、翻案、公衆送信する等の利用はできません。

もしこれらに違反した場合、たとえそれが軽微な利用であったとしても、当社の利益を不当に害する行為として損害賠償その他の法的措置を講ずることがありますのでご注意ください。本誌の利用をご希望の場合は、事前に当社（TEL：03-6386-1040もしくは当社ホームページの「転載申請入力フォーム」）までお問い合わせください。

※本刊行物は、電子書籍版に基づいてプリントオンデマンド版として作成されたものです。